灌木与景观

SHRUBS AND LANDSCAPE

王　婷　高锡坤　涂慧玲　李尚志　著

中国林业出版社

图书在版编目（CIP）数据

灌木与景观 / 王婷等著. -- 北京 : 中国林业出版社, 2016.9
（植物与景观丛书）
ISBN 978-7-5038-8726-0

Ⅰ. ①灌… Ⅱ. ①王… Ⅲ. ①灌木－观赏园艺②灌木－景观设计 Ⅳ. ①S718.4
②TU986.2

中国版本图书馆CIP数据核字(2016)第233222号

出版发行 中国林业出版社(100009
北京市西城区德内大街刘海胡同7号)
电 话 (010)83143563
制 版 北京美光设计制版有限公司
印 刷 北京卡乐富印刷有限公司
版 次 2016年11月第1版
印 次 2016年11月第1次
开 本 889mm×1194mm 1/20
印 张 13
字 数 465千字
定 价 88.00元

Preface 前言

通常园林灌木是指主干不明显的木本植物。其特点是越冬能力强，经生长发育后开花时间较长；其生命周期也可从几年到几十年不等；栽培容易；有些还具有适应性强，耐干旱、耐水湿、耐瘠薄、耐盐碱和石灰土壤等优点。灌木在园林中的应用方式多种多样，如花篱树墙、花坛花境、花球，孤植、灌丛、灌木组群、密集片植作林下地被等，以及专类园、垂直美化、荒山绿化、盆景、盆栽等，再与园林建筑、雕塑、溪瀑、山石等环境相依托，构成一幅幅意趣盎然、引人入胜的园林景致。有些茎干木质化的多年生草本植物在园林中应用得也相当普遍，景观效果令人满意，因而也收入本书。

本书的编写意图，就是将各类灌木通过不同的造园手法在园林中的应用，以丰富多彩的景观案例直观地表现出来，让读者从中有所借鉴。本书各论部分，为了便于读者查阅、选择应用的植物，将灌木分为落叶花灌木、常绿花灌木、赏叶灌木几章，同时具有观花、观叶价值的种类放在常用的章节中。每章内的种原则上按照中文名称的拼音字母顺序排列。对每一灌木种类，对其形态特征、分布习性、繁殖栽培及园林用途采用文字、景观图例和绘图的方式描述，同时还对同属中常见的种类也做了简要介绍，使园林灌木在园林中应用的种类更显丰富多样。书后附有植物的中文名称索引、拉丁学名索引，便于读者查找。

在编写过程中，得到了深圳市园林界领导的大力支持，同时，中国科学院北京植物园张会金、北京林业大学纭七柒以及各地的同行好友传递了不少园林灌木图片，才使得本书按时脱稿付梓，特表谢意。由于水平有限，书中尚存不少谬误之处，敬请指正。

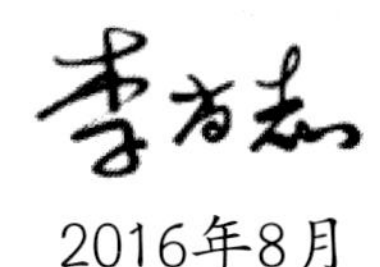

2016年8月

目录 Contents

第六章　赏叶灌木

第一章 概述

一、灌木的定义

灌木通常是指那些没有明显主干的、高度在6m 以下、呈丛生状态的木本植物。灌木有各种类型，或丛生，或有不明显的主干。在偶然情况下，有的灌木树种高度可超过6m、甚至达到10m而呈乔木状；有的始终低矮不足1m，称之小灌木；但有些不足1m 高的灌木，其基部纤弱近乎草质状，称之亚灌木；还有的其大枝匍匐于地面生长，而无直立的主干，则称之匍匐灌木。

二、灌木在园林建设中的作用

1.灌木对环境的改善和防护作用

● 降低环境温度　种植灌木丛或大面积的灌木林对遮挡阳光而减少辐射热，并降低小气候环境的温度，具有很好的作用。

● 提高空气湿度　大面积种植的灌木，对提高小环境范围内的空气湿度，其效果尤为显著。一般来说，大面积的灌木林或灌木丛中的空气湿度，要比空旷地高得多。

● 净化空气　由于灌木吸收二氧化碳，放出氧气，而人呼出的二氧化碳，只占灌木吸收二氧化碳的1／20。这样大量的二氧化碳被灌木吸收，又放出氧气，具有积极恢复并维持生态自然循环和自然净化的能力。

● 吸收有害气体　灌木具有吸收不同有害气体的能力，在环境保护方面，则发挥相当大的作用。

● 滞尘、杀菌、消除噪声　灌木可以阻滞空气中的烟尘，起滤尘作用，而且可以分泌杀菌素，杀死空气中的细菌、病毒，还可以减弱噪声。

此外，灌木在城乡建设中还有防风固沙、美化绿化和防止水土流失、涵养水源等作用。

2.灌木的美化功能

在园林应用中，灌木是重要的布景素材之一。灌木种类繁多，各自的形态、色彩、风韵、芳香、质感等随季节变化而五彩纷呈，香韵各异；再与园林建筑、雕塑、溪瀑、山石等组合，加以艺术处理，则呈现出一幅幅绰约多姿的秀美画卷，令人神往。

● 形态　灌木的姿态变化多端，一般多用来构成园林空间和形成各种氛围。如运用造型技术，将灌木修剪成圆柱形、圆球形、伞形、垂枝形、钟形、尖塔形、圆锥形等形态，丰富人们的视野，给人以美的感受。

● 色彩　灌木的花、果、叶、枝是其色彩的来源，花色和果色有季节性，且持续时间短，只能作为点缀，而不能作为基本的设计要素来考虑。通常灌木的叶色才是主要的，因其面积大，景观效果好。

● 质感　灌木的质感，以视觉属性为依据，即人的视觉感受到灌木粗犷或细腻。与灌木的形状、树皮的光滑与粗糙、叶面质地、大小以及根的变化等有关。

大面积种植的灌木，对提高小环境范围内的空气湿度，其效果尤为显著

亚灌木

匍匐灌木

灌木吸收二氧化碳，放出氧气，具有维持生态循环和自然净化的能力

灌木林阻滞空气中的烟尘，起到滤尘作用

将簕杜鹃修剪成球形或半球形，群植于公共绿地一侧，丰富视野，给人以美感

将小叶榕修剪成圆锥形，群植于机场一侧，好似酒杯，栩栩如生，别具特色

将不同色彩的灌木镶嵌成图案，景色甚佳

三、灌木的分类

1.按生长高度（或生长特性）分类

灌木的类型，有散生，有丛生，或有主干，或无明显的主干。依其高度（或生长特性）可分为四级。

● 灌木　一般在6m以下，如红花檵木、木槿、石楠、火棘等。

● 小灌木　不足 1m，如六月雪、海桐、十大功劳、八角金盘、南天竹等。

● 匍匐灌木　其枝条依伏于地面生长，而无直立主干，如铺地柏等。

● 亚灌木　植株不足1m高，其基部纤弱近乎草质状，如倒挂金钟等。

2.按园林用途分类

赏花灌木

灌木中如木槿、小叶紫薇、四季桂、牡丹、月季等，树姿美观、花色艳丽、浓香四溢、花期长，在园林造景中，常孤植、对植、丛植、片植，或盆栽，均收到较好的景观效果。

绿篱灌木

主要选用具有萌芽力强、发枝力强、愈伤力强、耐修剪、耐阴力强、病虫害少等特征的灌木植物。以近距离的株行距密植，整齐地栽成单行或双行的种植形式，称之绿篱。在园林中，按其高度可划分为：

● 绿墙　高1.6m以上，完全能遮挡住人们的视线。

● 高绿篱　1.2～1.6m之间，人的视线可以通过，但人不能跨越而过，多用于绿地的防范、屏障视线、分隔空间、作其它景物的背景。

● 中绿篱　高0.6～1.2m，有很好的防护作用，多用于种植区的围护及建筑基础种植；

● 矮绿篱　在0.5m以下，花境镶边，花坛、草坪图案花纹。

按其功能要求与观赏要求划分为：常绿绿篱、花篱、观果篱、刺篱、落叶篱、蔓篱与编篱等。

按其作用划分为：隔音篱、防尘篱、装饰篱等。

花坛灌木

是在一定范围的畦地上，按照整形式或半整形式的图案栽植观赏灌木植物，以表现其群体美；或在具有几何形轮廓的植床内，种植各种不同色彩的灌木植物，运用其群体效果来表现图案纹样效果，以突出色彩或图案的装饰效果。

地被灌木

是指具有一定观赏效果，且铺设于大面积裸露平地或坡地，或适于阴湿林下和林间隙地等各种环境覆盖地面的灌木或亚灌木植物。通过简易管理即可用于代替草坪覆盖在地表、防止水土流失，能吸附尘土、净化空气、减弱噪声、消除污染，并具有一定的园林景观效果。

湿生灌木

指那些能够长期在沼泽、河湖滩涂等环境中正常生活的灌木植物。它们在园林水景中不仅起到良好的衬托效果，而且在修复水体生态环境，保持生态平衡方面，也发挥很好的作用。

各色灌木与草花搭配，丰富园林景观

3.按观赏特性分类

● 赏姿形灌木类　如花石榴、山茶、佛手柑、苏铁、姬蔷薇等。

● 赏叶灌木类　如红背桂、变叶木、女贞等。

● 赏花灌木类　如丁香、杜鹃花、月季、野牡丹等。

● 赏果灌木类　如火棘、小檗、冬珊瑚等。

● 芳香灌木类　如含笑、栀子花、茉莉花、夜来香等。

四、灌木的资源利用及发展前景

灌木的花、叶、果，其形状和颜色是构成园林景观的重要因素。进入21世纪，人们对灌木资源的开发利用，以及改善环境质量的期望值也越来越高。于是，各地园林专业人员对当地具发展前景的灌木资源进行了广泛地开发和利用，并获得良好的效益。

我国的灌木资源非常丰富，尤其是野生灌木资源尚未充分利用。如分布于西北地区六盘山上的黄芦木（*Berberis amurensis*）、秦岭小檗（*B. circumserrata*）、甘肃小檗（*B. kansuensis*）、红毛五加（*Eleutherococcus giraldii*）等；分布于宁夏贺兰山上的野枸杞（*Lycium chinensis*）、青杞（*Solanum septemlobum*）、叶底珠（*Securinega suffruticosa*）、小丛红景天（*Rhodiola dumulosa*）等数十种之多。而这些灌木树种在增强园林景观审美情趣中，具有画龙点睛的视觉功能。

当今，城市园林绿化除了驯化野生灌木种类，同时也在选育颜色丰富的彩叶植物，其市场需求很大。由于目前的绿化建设已从单纯的绿化改为彩化、美化城市，新的景观工程和旧的绿地改造都需要彩色树种。有专家预测，彩色苗木应占绿化苗木总量的15%～20%，迎合了园林绿化苗木产业的发展趋势。当前，许多苗圃生产的都是小规格的普通品种，彩色植物比例偏低。按国外城市园林发展的规律，未来对苗木的需求必将转入特色苗木，比如彩色苗木等。

各地的园林部门对园林植物的引种驯化工作高度重视，而利用彩色灌木树种来丰富城市植物品种、增添城市彩色景观都大有裨益。可预料，未来城市园林绿化的主导方向是多树种、多色彩。这样才使得城市园林绿化的景致丰富，环境优雅，四季如春。

2 第二章 灌木的栽植与管理

一、灌木的栽植原则

园林灌木的栽植，应遵循树体生长发育的规律，来提供相应的栽植条件和管护措施，促进根系的再生和生理代谢功能的恢复，协调树体地上部和地下部的生长发育矛盾，使其呈现出根旺树壮、枝繁叶茂、花果丰硕的茁壮生机，且圆满地达到园林绿化设计所要求的生态指标和景观效果。应按照以下3条具体栽植原则。

1. 适树适栽

我国地域辽阔，物种丰富，可供园林绿化选用的灌木种类繁多。随着我国经济建设的持续高速发展，人们对生态环境的关注日益加强，园林绿化的要求和标准也不断提高；南树北移和北树南引日渐普遍，国外新优园林灌木种类也越来越受到国人的青睐。因此，适树适栽的原则，在园林灌木的栽植应用中也愈显突出。

首先，必须了解规划设计树种的生态习性，以及其对栽植地区生态环境的适应能力，要有相关成功的驯化引种实例和成熟的栽培养护技术，方能保证效果。因此，贯彻适树适栽原则的最简便做法，就是选用性状优良的乡土树种，作为景观树种中的基调骨干树种，特别是在生态林的规划设计中，更应实行以乡土树种为主的原则，以求营造生态群落效应。

其次，可充分利用栽植地的局部特殊小气候条件，突破原有生态环境条件的局限性，满足新引入树种的生长发育要求。如可筑山、理水，设立外围屏障；改土施肥，变更土壤质地；束草防寒，增强越冬能力。在城市园林灌木栽植中，更可利用建筑物防风御寒，小庭院围合聚温，以减少冬季低温的侵害，延伸南树北移的疆界。

还有地下水位的控制，在适地适树的栽植原则中具有重要的地位。地下水位过高是影响园林灌木栽植成活率的主要因素。现有园林灌木种类中，耐湿的树种极为匮乏，一般园林灌木的栽植，对立地条件的要求为土质疏松、通气透水，并要做好防涝排洪的基础工作，有利树体成活和正常生长发育。

2.适时适栽

园林灌木的适宜栽植时间，应根据各种灌木的不同生长特性和栽植地区的气候条件而定。一般落叶灌木多在秋季落叶后或在春季萌芽开始前进行，此期树体处

居住区灌木配植景观

于休眠状态，生理代谢活动滞缓，水分蒸腾较少，且体内贮藏营养丰富，受伤根系易于恢复，移植成活率高。常绿灌木栽植，在南方冬暖地区多行秋植，或于新梢停止生长期进行。冬季严寒地区，因秋季干旱易造成“抽条”，而不能顺利越冬，故以新梢萌发前春植为宜；春旱严重地区可行雨季栽植。

随着科学技术手段的发展，灌木的栽植也突破了时间的限制，“反季节”“全天候”栽植已不再少见，关键在于如何遵循树木栽植的原理，采取妥善、恰当的保护措施，以消除不利因素的影响，提高栽植成活率。

从植物生理活动规律来讲，春季是树体结束休眠开始生长的发育时期，且多数地区土壤水分较充足，是我国大部分地区的主要植树季节。我国的植树节定为“3月12日”，即缘于此。树木根系的生理复苏，在早春即率先开始活动，因此春植符合树木先长根、后发枝叶的物候顺序，有利水分代谢的平衡。特别是在冬季严寒地区或对那些在当地不甚耐寒的边缘树种，更以春植为妥，并可免去越冬防寒之劳。秋旱风大地区，常绿树种也宜春植，但在时间上可稍推迟。土壤化冻时期与气候因素、立地条件和土壤质地有关。落叶灌木春植宜早，土壤一开始化冻即可进行。华北地区灌木的春季栽植，多在3月上中旬至4月中下旬，华东地区则以2月中旬至3月下旬为佳。

对秋季灌木的移植，通常在气候比较温暖的地区较相宜。因这一时期树体落叶后，对水分的需求量减少，而外界的气温还未显著下降，地温也比较高，灌木的地下部分尚未完全休眠，移植时被切断的根系能尽早愈合，并可有新根长出。翌春，这批新根即能迅速生长，

有效增进水分吸收功能，有利于灌木地上部的生长恢复。在华北地区秋植，应选择耐寒、耐旱的灌木种类；华东地区秋植，可延至11月上旬至12月中下旬。早春开花的树种，应在11～12月种植；东北和西北北部严寒地区，秋植宜在灌木落叶后至土地封冻前进行；另外，该地区尚有冬季带冻土球移植的做法。

雨季(夏季)栽植受印度洋干湿季风影响，有明显旱、雨季之分的西南地区，以雨季栽植为好。如果雨季处在高温月份，由于阴晴相间，短期高温、强光也易使新植树木水分代谢失调，故要掌握当地雨季的降雨规律和当年降雨情况，抓住连阴雨的有利时期进行。江南地区，亦有利用“梅雨”期进行夏季栽植的经验。

3.适法适栽

灌木的栽植应依据树种的生长特性、树体的生长发育状态、树木栽植时期以及栽植地点的环境条件等，可分别采用裸根栽植和带土球栽植。

裸根栽植方法多用于常绿树小苗及大多落叶树种。裸根栽植的关键在于保护好根系的完整性，骨干根不可太长，侧根、须根尽量多带。从掘苗到栽植期间，务必保持根部湿润、防止根系失水干枯。根系打浆是常用的保护方式之一，可提高移栽成活率20%。浆水配比为：过磷酸钙1kg＋细黄土7.5kg＋水40kg，搅成浆糊状。为提高移栽成活率，运输过程中，可采用湿草覆盖的措施，以防根系风干。

常绿灌木种类及某些裸根栽植难以成活的灌木种类，多行带土球移植；在生长季节栽植，亦要求带土球进行，以提高成活率。

如运输距离较近，可简化土球的包装手续，只要土球标准大小适度，在搬运过程中不致散裂即可。可采用束草或塑料布简易包扎，栽植时拆除即可。

二、灌木的修剪与整形

对园林灌木的修剪与整形，不仅要调整树势，使营养集中供开花结果，还要讲究树体造型，使树姿、花、果、叶相映成趣，并与周围环境或园林建筑搭配，相得益彰，美观协调。因而，先要观察植株生长的周围环境、光照条件、植物种类、长势强弱以及在园林中所起的作用，做到心中有数，再进行修剪与整形。

精心的养护管理，使春季牡丹、樱花争艳

1.按灌木的习性修剪与整形

通常在春季开花的灌木，如迎春、牡丹、连翘等，花芽都是在前一年的夏季高温时进行花芽分化，经过冬季低温阶段，于第二年春季开花。因此，冬季不能重剪，只能剪除无花芽的秋梢。若冬季修剪过重，就会把夏季已形成带有花芽的枝条剪掉，而影响翌年开花。其正确做法是，在花残后叶芽开始膨大尚未萌发时进行修剪。修剪的部位依植物种类及纯花芽或混合芽的不同而有所不同，剪口不能留在纯花芽上，应在其开花枝条基部留2～4个饱满芽进行短截，促进侧枝萌发新梢，形成来年的花枝，春季开花。还有黄刺玫、丁香等花芽着生在枝条顶部，故一般冬季不进行短截。牡丹则需将残花剪除，在开春后将细弱枝和过密枝条剪除即可。

夏、秋季开花的灌木，如珍珠梅、紫薇、木槿等其花芽（或混合芽）着生在当年生枝条上，因此应在休眠期进行修剪。将2年生枝基部留2～3个饱满芽或将对生的芽进行重剪，剪后可萌发出一些茁壮的枝条，但花枝会少，由于营养集中会产生较大的花朵。还有一些灌木当年开两次花者，可在花后将残花及其下的2～3芽剪除，刺激二次枝条的发生，适当增加肥水，则可二次开花。

花芽（或混合芽）着生在多年生枝上的灌木，如紫荆等，虽然花芽大部分着生在2年生枝上，但当营养条件适合时，多年生的老干亦能分化花芽。对这一类灌木进入开花年龄的植株，修剪量应较小，在早春可将枝条先端枯干部分剪除，在生长季节为防止当年生枝条过旺而影响花芽分化时可进行摘心，使营养集中于多年生枝干上。

花芽（或混合芽）着生在开花短枝上的灌木。如西府海棠等，这一类灌木早期生长势较强，每年自基部发生多数萌芽，自主枝上发生大量直立枝，当植株进入开花年龄时，多数枝条形成开花枝，连年开花，这类灌木一般不大进行修剪，可在花后剪除残花，夏季生长旺时，将生长枝进行适当打尖，抑制其生长，促进花芽分化，并将过多的直立枝、徒长枝进行疏剪。

一年多次抽梢、多次开花的灌木，如月季，可于2月底3月初对当年生枝条进行短剪或回缩修剪，同时剪除交叉枝、病虫枝、并生枝、弱枝及内膛过密枝。生长期可多次修剪，可于花后在新梢饱满芽处短剪（通常在花梗下方第2～3芽处）。剪口芽很快萌发抽梢，形成花蕾开花，花开后要随时剪除残花，防止结果消耗营养，如此重复，同时要随时剪除砧木的萌条。

2.对修剪反应的处理

灌木的修剪反应主要表现在两个方面：一是局部反应，即剪口（或锯口）下枝条长势、成花和结果的情况；二是植株的长势强弱。对于顶端生长势不太强，但萌芽力、成枝力、愈合能力强的灌木，易于形成丛状树冠的种类，修剪方式应根据组景的需要，及与其它灌木搭配的要求而定。对耐修剪性低，发枝力很强的树种，则应少修剪，维持自然冠型为宜。对于萌芽力较弱的灌木，如松柏类，重剪后很难恢复，一般不要重剪。还有鸡爪槭等形态优美的灌木，也不需做大的修剪。

3.调节灌木的根冠比

园林灌木所需水分是靠根系吸收；同时，土壤中的大量元素和微量元素，也随水分吸收渗入植物须根和根毛。它们通过植株茎内木质部导管向上输送至整个植株以维系生长需要。植株叶片通过气孔吸收大气中的二氧化碳，在叶绿素的作用下进行光合作用。光合作用所合成的养分经过韧皮部中筛管输送到根部，保持整个植株的平衡生长。因此，地下根系和地上植株营养相互供应和交流，通过修剪来调节合理的根冠比例，促进灌木的健康生长，提高其抗病能力。

4.因树势整形与修剪

每株树的个体发育、长势强弱均有差别，幼树生长旺盛，以整形为主，宜轻剪，尽量不短截，以防萌发大量枝条。斜生枝的上位芽在冬剪时应剥掉，防止生长直立枝。一切病虫枝、干枯枝、人为破坏枝、徒长枝等用疏剪法剪去。丛生花灌木的直立枝，选生长健壮的加以摘心，促其早开花。壮年树应充分利用立体空间，盛花期可通过调节营养生长与生殖生长的关系，防止不必要的营养消耗，促使多开花。于休眠期修剪时，在秋梢以下适当部位进行短截，同时逐年选留部分根蘖，并疏掉部分老枝，以保证枝条不断更新，保持丰满圆润的树冠。老冠树木以更新复壮为主，采用重短截和回缩修剪的方法，刺激休眠芽萌发，使营养集中于少数腋芽，萌

各种灌木装饰建筑

发壮枝，实现局部更新，并应善于利用徒长枝来达到更新复壮的目的。及时疏删细弱枝、病虫枝、枯死枝。

5.因时整形与修剪

落叶灌木依修剪时期可分夏季修剪（花后修剪）和冬季修剪（休眠期修剪）。各灌木种类及品种的生物学特性不同，具体的修剪方法和时间也应区别对待。

夏季修剪在花落后进行，通过夏季修剪，促使植株体内养分、水分、激素等生长所需物质进行合理分配，见效比冬季修剪快。灌木在夏季正处于旺盛生长期，修剪免不了要剪掉许多新梢和叶片。如果土壤条件差，管理又跟不上，在树体贮藏养分少的情况下，修剪对灌木的生长就是一种抑制。反之，如果土壤水肥条件好，夏季修剪能够有效促发副梢，扩大树冠，扩展叶面积，调整树冠枝条密度，改善通风透光条件，从而提高园林灌木的观赏效果和合理的花果量。夏季修剪宜早不宜迟，这样有利于控制徒长枝的生长。若修剪时间稍晚，直立徒长枝已经形成。如空间条件允许，可用摘心办法使之生出二次枝，增加开花枝的数量。

冬季修剪一般在休眠期进行，这段时期树木生长停滞，树体内养分大部分回归主干、根部，修剪后树木营养损失量少，且修剪的伤口不易感染病害引起腐烂，对灌木生长影响小，故大多数灌木修剪在此期内进行。

三、灌木的土、肥、水管理

1.灌木的土壤管理

土壤对园林灌木的作用，主要是提供养分和水分，

以及对树体的支持和固定。灌木土壤管理的主要措施：

● 松土的作用　疏松表土，切断表层与底层土壤的毛细管联系，以减少土壤水分的蒸发；改善土壤的通气性，加速有机质的分解和转化，提高土壤的综合营养水平，有利于灌木的生长。排除杂草对水、肥、气、热、光的竞争，避免杂草对灌木的危害，为灌木生长创造良好的环境条件。

● 土壤改良　加入有机质改良土壤。有机质有粗泥炭、半分解状态的堆肥和腐熟的厩肥。无机改良以沙压黏，或以黏压沙。用粗沙，加沙量须达到原有土壤体积的1/3。不用建筑细沙。加入陶粒、粉碎的火山岩、珍珠岩和硅藻土等。

盐碱土的改良：灌水洗盐；深挖、增施有机肥，改良土壤理化性质；减少蒸发，防止返碱；树盘覆盖，减少地表蒸发，防止盐碱上升。

2. 灌木的施肥

● 园林灌木施肥的特点　应掌握肥料的种类、用量、施肥比例与方法。以有机肥和迟效性肥料为主。不能用有恶臭、污染环境的肥料，并应适当深施、及时覆盖。在晚秋和早春施肥，秋施应避免抽秋梢。施肥的次数可灵活，不宜太多；对早衰型的植株则多施。

● 根外施肥　通过对灌木叶片、枝条和树干等地上器官进行喷、涂或注射，使营养直接渗入树体的方法。主要途径有叶面施肥和树干注射。叶片吸收肥料的速度，一般喷后15分钟到2小时即可被叶片吸收。影响叶片吸收营养液的因素有环境条件，适温适湿有利于营养吸收。单一化肥的喷洒浓度，可为0.3%～0.5%，尿素甚至可达2%；喷洒量则以营养液开始从叶片大量滴下为准；而喷洒时间最好是10：00以前和16：00以后。

● 树干注射　将营养液盛在容器中，系在树干上，将针管插入木质部(或髓心)，缓慢滴注。已用于治疗特殊缺素病、人行道和根区有其它障碍的地方。例如，用此法将铁盐注入树干治疗缺铁性褪绿病，其缺点：若钻孔消毒、堵塞不严，容易引起心腐和蛀干害虫的侵入。

3. 灌木的灌排水

● 灌木灌排水的原则与依据　植株的生物学特性及其年生长节律，如树种、物候期、树龄、动态表现；气候条件，如年降水量、降水强度、降水频度与分布；土壤条件，如质地与结构(保水能力)、地下水位、盐碱含量、地势(保水与排水性能)；经济技术条件(保证重点，经济有效)；结合土壤及施肥等栽培措施。

● 园林灌木的灌溉　依据形态变化：形态上已显露出缺水症状(如叶片下垂、萎蔫、果实皱缩等)；依据土壤含水量。

主要物候期的灌水：休眠期灌水（秋冬或早春）。我国北方秋末冬初灌封冻水，提高灌木越冬安全性；早春灌水，利于新梢和叶片生长、利于开花坐果。生长期灌水：花前灌水，花后灌水及花芽分化期灌水。

灌溉应注意适时适量；干旱时追肥应结合灌水；防止土壤的板结与冲刷；生长后期适时停止灌水。9月中旬后应停止灌水，但干旱寒冷地区，冬灌有利于越冬。灌溉宜在早晨或傍晚（夏季高温情况）；水质无害无毒。

● 排水的主要方法　明沟排水，在树旁纵横开浅沟排水。若成片栽植，则应全面安排排水系统；暗道排水，在地下铺设暗管或用砖石砌沟，排除积水；地面排水至道路边沟。

3 第三章 灌木在景观中的应用

一、花篱绿墙

在公共绿地，或公园，或风景区，以直线或曲线的种植方式将观花观叶灌木密集栽植成一行或多行，常布置于路边、墙根、花坛、草坪的边缘，起到阻拦人及动物通行，或遮掩生硬的墙体及分隔空间的作用，且四季常绿，或逢时开花，既有流畅的线条美，又有开花的色彩美。随着人们对环境质量要求的提高，一种由小灌木或亚灌木组成的绿墙（或生态墙）也就应运而生，它对改善小气候，美化环境，起到了很好的效果。此类灌木要求枝叶紧密，耐阴耐剪。花篱常用单一品种，以取得整齐统一的效果。

花篱（簕杜鹃）

二、花球

一般将观花、观叶灌木培育并修剪成各种样式的球状体等。且单个或多个一组地种植在一起，高低错落或连绵起伏；开花时，一个个花球各呈异彩，体现人工修饰之美。通常花球点缀在建筑物入口，园路交叉处，或草坪上、树丛前等视线焦点处，或孤植、或对植、或三五个一丛，或几十个连成一片，醒目耀眼，如同雕塑。为了达到理想的观赏效果，应先在圃地里培育成型，再移植到公共绿地种植处，在养护中进一步修整定型。

绿墙（扶桑）

三、灌木丛

在风景区或公园绿地，将条带状的灌木划分成多个自然形态的灌木丛，或列植，或嵌植于绿地边缘，成为自然的弧形林缘线，形成较好的灌木丛景观效果。

通常孤植的灌木要求其植株形体较高大，枝干挺拔，花多叶亮，冠形浓密，或有独特的造型。无论在乔木的下层空间、空旷绿地、湖池水滨畔，以及建筑物周边，采用花灌木的孤植、对植、丛植手法，配合自然式的养护管理方式，充分利用自然开展的个体形态，形成点景效果，起到柔化边线的作用。常用的种类有桂花、山茶、紫薇、木槿、月季、牡丹等。

花球（红粉扑花）

灌木球（花叶小叶榕）

花球列植（红花檵木）

风景区林下种植花灌木，色彩对比强烈，层次分明，景观效果甚好

列植或嵌植于绿地边缘而形成林缘线

孤植于石旁（茶花）

孤植于草坪中央（造型小叶榕）

丛植于石旁（南天竹）

丛植于宅前（野牡丹）

四、灌木组团

灌木规模化地应用在较开阔的绿地或林下空间，会使得植物景观显得过于单调与生硬。为改善这种现象，可种植数平方米至10m^{2}左右的灌木组团，由多个花灌木种类形成的不同组团，以自然的方式散落于绿地空间中，从而柔化与丰富绿地或林下空间的植物景观。还有在城市道路的绿地中，为了保持良好的交通视线，也可将灌木丛分成多种形态，植于道路绿地的中央地段或交通绿岛区，使之形成较好的灌木丛景观效果。

植于道路绿地的中央地段或交通绿岛区，形成较好的灌木丛景观

五、密集栽植

园林中密集栽植造景，即将其高度、形态、色彩、大小相对和谐统一的小灌木，在一定区域内紧密栽植在一起；然后，修剪其外表，而形成植物组合新景观，以满足不同园林设计效果的需求。

● 代替草坪成为地被覆盖植物　利用大面积的空旷地，将小灌木一棵一棵紧密栽植，然后对植株进行修剪，使其平整划一，也可随地形起伏跌宕。虽是灌木所栽，但整体组合却是一片“立体草坪”之效果，成为园林绿化中的背景和底色。

密集栽植可达到“立体草坪”之效果

● 代替草花组合成色块和各种图案　一些小灌木的叶、花、果具备不同的色彩，可运用小灌木密集栽植组合成寓意不同的曲线、色块、花形等图案，这些色块和图案在园林绿地中或大片草坪中起到重点装饰的作用。

组合成寓意不同的曲线、色块、花形等图案

● 花坛满栽　对一些形状各异的花坛，采取小灌木密集栽植法进行绿化美化，形成花境、花台，产生不同的视觉效果。

● 注意的问题　小灌木密集栽植，虽具草坪、花坛的观赏效果，但不能真正取代草坪、花坛。比如，仅能应用于面积有限、管理水平高的空地。因为小灌木的色彩比较少，比草花的自然形态及颜色都颇有逊色。一次栽植时投资略高于草坪，栽植后必须加强修剪管理，方能凸显其观赏效果；用工量较大，不能完全放任生长。

第四章 落叶花灌木

白花杜鹃

Rhododendron mucronatum

杜鹃花科杜鹃花属

形态特征 半常绿灌木，高 1～2（～3）m；幼枝开展，分枝多。叶纸质，披针形至卵状披针形或长圆状披针形。伞形花序顶生，具花 1～3 朵；花冠白色，有时淡红色，阔漏斗形。蒴果圆锥状卵球形。花期 4～5 月，果期 6～7 月。

分布习性 我国江苏、浙江、江西、福建、湖北、湖南、广东和广西；日本、越南、印度尼西亚、英国、美国广泛引种栽培。性喜凉爽、湿润、通风的半阴环境。

繁殖栽培 可用扦插、嫁接、压条、分株、播种繁殖。

园林用途 枝繁叶茂，绮丽多姿，最宜在林缘、溪边、池畔及岩石旁成丛成片栽植。深绿色的叶片，也适合栽种在庭园中作为矮墙或屏障。也可散植于疏林下作地被，具较好的效果。也可盆栽观赏。

	2
1	3

1. 在坡地上植成花篱
2. 与其它植物配植
3. 片植于林下

白鹃梅

Exochorda racemosa

蔷薇科白鹃梅属

形态特征　落叶灌木，高达 3～5m，枝条细弱开展；小枝圆柱形，微有棱，无毛，幼时红褐色，老时褐色；冬芽三角卵形，暗紫红色。叶片椭圆形、长椭圆形至长圆倒卵形。顶生总状花序，有花 6～10 朵，白色。蒴果。花期 5 月，果期 6～8 月。

分布习性　分布于我国河南、湖北、江西、江苏、浙江等地。性喜光，也耐半阴，适应性强，耐干旱瘠薄土壤，有一定耐寒性。

繁殖栽培　可用播种、扦插等方法繁殖，也可以进行分株繁殖。

园林用途　姿态秀美，春日开花，满树雪白，如雪似梅，可配植在草地、林缘、路边及假山岩石间；亦可群植于常绿树丛边缘，及散植在建筑物附近。也可盆栽或制作树桩盆景观赏。

同种新种　大花白鹃梅 *Exochorda × macrantha*，株型圆，枝下垂如弓形。花中等大小，白色。

1	
2	
3	4

1. 白鹃梅
2. 大花白鹃梅
3. 白鹃梅花序
4. 大花白鹃梅花朵

叉花草

Diflugossa colorata

爵床科叉花草属

形态特征　直立亚灌木。茎和枝四棱形，光滑无毛，节间有沟。大叶具柄，大叶片披针形，小叶片通常卵形，边缘有细锯齿。穗状花序构成疏松的圆锥花序，花单生于节上；苞片与小苞片早落；花冠堇色。蒴果长。

分布习性　分布于尼泊尔及东喜马拉雅山；我国福建、广东、广西、云南均有分布。性喜温暖、湿润的环境。

繁殖栽培　常用扦插繁殖。

园林用途　枝叶繁茂，花朵艳丽，可丛植或散植于池畔、亭前、道旁及社区庭院；也可盆栽观赏。

1. 丛植于广场一角
2. 列植于路旁
3. 艳丽的花朵

赪 桐

Clerodendrum japonicum

马鞭草科大青属

形态特征 灌木，高1～4m；小枝四棱形，干后有较深的沟槽，老枝近于无毛或被短柔毛，同对叶柄之间密被长柔毛，枝干后不中空。叶片圆心形，顶端尖或渐尖，基部心形，边缘有疏短尖齿。二歧聚伞花序组成顶生、大而开展的圆锥花序，花序的最后侧枝呈总状花序，花萼红色；花冠红色，稀白色。果实椭圆状球形，绿色或蓝黑色。花果期5～11月。

分布习性 分布于我国江苏、浙江、江西、湖南、福建、台湾、广东、广西、四川、贵州、云南等地；印度东北、孟加拉国、不丹、中南半岛、马来西亚、日本也有分布。其性喜高温、湿润、半荫蔽的气候环境。

繁殖栽培 采用播种和扦插繁殖。

园林用途 可丛植或散植于池畔、亭前、道旁及公共绿地上。也可作地被。也可盆栽观赏。

1		
2		
3	4	5

1. 作林下地被
2. 装饰建筑
3. 列植成花篱
4. 花序
5. 果序

臭牡丹

Clerodendrum bungei

马鞭草科大青属

形态特征 灌木，高 1 ～ 2m，植株有臭味；花序轴、叶柄密被褐色、黄褐色或紫色脱落性的柔毛；小枝近圆形，皮孔显著。叶片纸质，宽卵形或卵形，顶端尖或渐尖，基部宽楔形、截形或心形，边缘具粗或细锯齿。伞房状聚伞花序顶生，密集；苞片叶状，披针形或卵状披针形，早落或花时不落，早落后在花序梗上残留凸起的痕迹；花冠淡红色、红色或紫红色。核果近球形，成熟时蓝黑色。花果期 5 ～ 11 月。

分布习性 分布于我国华北、西北、西南以及江苏、安徽、浙江、江西、湖南、湖北、广西；印度北部、越南、马来西亚也有分布。生于海拔 2500m 以下的山坡、林缘、沟谷、路旁、灌丛的润湿处。适应性强，耐寒耐旱，也较耐阴，宜在肥沃、疏松的腐叶土中生长。

繁殖栽培 主要用分株繁殖，也可用根插和播种繁殖。

园林用途 散植于池畔、亭前及社区庭院。常植于疏林下作地被，具较好的效果。也可盆栽摆设于客厅和入口处。

	2
	3
1	4

1. 植株
2. 地被景观
3. 片植林下
4. 花序

垂茉莉

Clerodendrum wallichii

马鞭草科大青属

形态特征 直立灌木，株高 2 ～ 4m；小枝锐四棱形或呈翅状，无毛，髓部充实。叶片近革质，长圆形或长圆状披针形。聚伞花序排列成圆锥状，每聚伞花序对生或交互对生，着花少数，花序梗及花序轴锐四棱形或翅状；花冠白色。核果球形，鲜红色或紫红色。

分布习性 分布于我国西藏、云南、江苏、福建、广东、广西等地；缅甸、孟加拉国、越南、印度亦有分布。喜温暖湿润气候，宜阳光充足，也稍耐阴，耐干旱，耐湿，耐瘠薄土壤，抗寒性较强。

繁殖栽培 常用扦插及空中压条法繁殖。

园林用途 花白芳香，清丽素雅，散植于池畔、亭前、道旁及建筑前。也可盆栽观赏。

1	
2	3

1. 花序
2. 花篱
3. 叶片

棣棠花
Kerria japonica
蔷薇科棣棠花属

形态特征 落叶灌木，高1～2m；小枝绿色，圆柱形，无毛，常拱垂，嫩枝有棱。叶互生，三角状卵形或卵圆形，边缘有尖锐重锯齿，两面绿色。单花，着生在当年生侧枝顶端，萼片卵状椭圆形；花瓣黄色，宽椭圆形。瘦果倒卵形至半球形，褐色或黑褐色。花期4～6月，果期6～8月。

分布习性 分布于我国华北、甘肃、陕西、山东、河南、湖北、江苏、安徽、浙江、福建、江西、湖南、四川、贵州、云南等地；日本亦有分布。性喜温暖湿润和半阴环境，耐寒性较差。

繁殖栽培 常用分株、扦插和播种繁殖。

园林用途 枝叶翠绿，细柔下垂，金花满树，别具风姿，可植于墙隅及道旁；也可丛植或散植于池畔、亭前及公共绿地上。也常密植作花篱，具较好的景观效果。配植疏林草地或山坡林下，野趣盎然。也可盆栽观赏。

1. 散植于公共绿地
2. 花朵
3. 丛植于池畔
4. 重瓣棣棠

杜鹃花

Rhododendron simsii

杜鹃花科杜鹃花属

形态特征 落叶灌木，高2（～5）m；分枝多而纤细，密被亮棕褐色扁平糙伏毛。叶革质，常集生枝端，卵形、椭圆状卵形或倒卵形或倒披针形，边缘微反卷，具细齿，上面深绿色，疏被糙伏毛，下面淡白色，密被褐色糙伏毛。花芽卵球形，花2～3（～6）朵簇生枝顶；花冠阔漏斗形，玫瑰色、鲜红色或暗红色。蒴果卵球形，花萼宿存。花期4～5月，果期6～8月。

分布习性 分布于我国江苏、安徽、浙江、江西、福建、台湾、湖北、湖南、广东、广西、四川、贵州和云南等地。性喜凉爽、湿润、通风的半阴环境。

繁殖栽培 常用扦插、嫁接、压条、分株、播种繁殖。

园林用途 花繁叶茂，绮丽多姿，可成丛成片植于林缘、溪边、池畔、岩石旁及公共绿地上。常密植作花篱；亦在庭园中做矮墙或屏障，景观效果良好。也可盆栽观赏。

1	
2	
3	4

1. 密植路旁成花篱
2.片植林下
3. 绮丽多姿的杜鹃花
4. 娇艳的花朵

粉 纸 扇

Mussaenda hybrida 'Alicia'

茜草科玉叶金花属

形态特征 半落叶灌木，株高 1 ～ 3m。叶对生，长椭圆形，顶端渐尖，基部楔形，全缘。聚伞花序顶生，花萼裂片 5，全部增大为粉红色花瓣状，花冠金黄色，高脚碟状，喉部淡红色。花期 6 ～ 10 月。

分布习性 原产热带非洲、亚洲；我国华南、西南等地均有栽培。性喜高温，耐热，耐旱，喜光照充足，荫蔽处生育开花不良。

繁殖栽培 常用扦插繁殖。

园林用途 叶色翠绿，生长快速，花姿美丽，适应性强；宜单植、列植，或群植于庭院、池畔、亭前、道旁及社区；也可盆栽观赏。

	2
	3
1	4

1. 增大的粉红色花萼艳丽夺目
2. 孤植成花球
3. 形成花篱
4. 在绿地中丛植

黄刺玫

Rosa xanthina

蔷薇科蔷薇属

形态特征 落叶灌木，高达3m。小枝褐色，具扁硬直刺。奇数羽状复叶，小叶7～13、近圆形或椭圆形，边缘有钝齿，长1～2cm。花黄色，单瓣或半重瓣，花期5～6月。

分布习性 我国北方多栽培.喜光，稍耐阴，耐寒力强。对土壤要求不严，耐干旱和瘠薄，管理简单，但以疏松、肥沃土地为佳。

繁殖栽培 主要采用分株繁殖和嫁接繁殖。

园林应用 是北方春天的重要观花灌木，可以丛植，或做绿篱。

1. 丛植
2. 花篱

黄　荆

Vitex negundo

马鞭草科牡荆属

形态特征　灌木；小枝四棱形，密生灰白色茸毛。掌状复叶，小叶5，少有3；小叶片长圆状披针形至披针形，顶端渐尖，基部楔形，全缘或每边有少数粗锯齿，表面绿色，背面密生灰白色茸毛。聚伞花序排成圆锥花序式，顶生；花冠淡紫色。核果近球形。花期4～6月，果期7～10月。

分布习性　分布于我国长江以南各地，北达秦岭淮河；非洲东部经马达加斯加、亚洲东南部及南美洲的玻利维亚也有分布。性强健，耐寒、耐旱，亦能耐瘠薄的土壤；喜阳光充足。

繁殖栽培　常用播种、扦插、压条繁殖。

园林用途　可植于池畔、林缘带等场所。也可制作盆景进行观赏。

同种品种　荆条 *Vitex negundo* 'Heterophylla'，其小叶片边缘有缺刻状锯齿，浅裂以至深裂，背面密被灰白色茸毛。

1	
2	
3	4

1. 丛植于草地
2. 荆条片植
3. 荆条花枝
4. 花序

结 香

Edgeworthia chrysantha

瑞香科结香属

形态特征 落叶灌木，高 0.7 ～ 1.5m。叶在花前凋落，长圆形、披针形至倒披针形，两面均被银灰色绢状毛。头状花序顶生或侧生，具花 30 ～ 50 朵成绒球状，外围以 10 枚左右被长毛而早落的总苞；花芳香。花期冬末春初，果期春夏间。

分布习性 分布于我国河南、陕西，南至长江流域以南各地；印度、巴基斯坦、阿富汗、喀什米尔地区等地也有分布。性喜半湿润、半阴，喜温暖气候。

繁殖栽培 常用扦插、分株繁殖。

园林用途 树冠球形，枝叶美丽，可孤植或丛植于社区庭院。也可盆栽观赏。

1. 花枝
2. 孤植

锦 带 花

Weigela florida

忍冬科锦带花属

形态特征 灌木，株高 3m。叶椭圆形或卵状椭圆形，叶缘有锯齿。花冠漏斗状钟形，玫瑰红色，裂片 5。蒴果柱形；种子无翅。花期 4 ～ 6 月。

分布习性 分布于我国黑龙江、吉林、辽宁、内蒙古、山西、陕西、河南、山东、江苏等地；俄罗斯、朝鲜和日本也有分布。性喜光，耐阴，耐寒，适于半阴湿润处。

繁殖栽培 常用播种、扦插、压条繁殖。

园林用途 枝叶茂密，花色艳丽，适宜群植于庭院墙隅、湖畔；或点缀于假山、坡地。 也可在树丛林缘作篱笆。

锦带花品种繁多，花色丰富，如白花锦带花，花近白色。红花锦带花，花鲜红色，繁密而下垂。深粉锦带花，花深粉红色。亮粉锦带花，花亮粉色。变色锦带花，花由奶油白渐变为红色。紫叶锦带花，叶带褐紫色，花紫粉色。花叶锦带花，叶边淡黄白色；花粉红色。斑叶锦带花，叶金黄色，有绿斑；花粉紫色。可应用于各种园林景观中。

1	2
	3
4	
5	

1. 锦带花
2. 花朵
3. 花枝
4. 花枝招展的锦带花
5. 锦带花在绿地中

金丝桃

Hypericum monogynum

藤黄科金丝桃属

形态特征　半常绿灌木，株高 0.5 ～ 1.3m。茎红色。叶对生，无柄或具短柄，叶片倒披针形或椭圆形至长圆形，上面绿色，下面淡绿但不呈灰白色。花序具 1 ～ 30 朵花，花瓣金黄色至柠檬黄色，无红晕，开张。蒴果宽卵珠形或稀为卵珠状圆锥形至近球形。花期 5 ～ 8 月，果期 8 ～ 9 月。

分布习性　分布于我国河北、陕西、山东、江苏、安徽、江西、福建、台湾、河南、湖北、湖南、广东、广西、四川、贵州等地；日本也有引种。性喜湿润半阴之地。

繁殖栽培　常用播种、分株、扦插繁殖。

园林用途　花叶秀丽，柔条袅娜，可丛植或散植于池畔、亭前、道旁及公共绿地；也可植于林荫树下，或者庭院角隅。花开烂漫，金黄夺目，常在花径两侧列植，具较好的景观效果。也可盆栽观赏。

1		
2		
3	4	5

1. 在绿地中丛植
2. 列植路边
3. 花朵
4. 枝叶
5. 列植形成花带

锦绣杜鹃

Rhododendron pulchrum

杜鹃花科杜鹃花属

形态特征 半常绿灌木，高1.5～2.5m；枝开展，淡灰褐色，被淡棕色糙伏毛。叶薄革质，椭圆状长圆形至椭圆状披针形或长圆状倒披针形，先端钝尖，基部楔形，边缘反卷，全缘，上面深绿色。花芽卵球形，鳞片外面沿中部具淡黄褐色毛；伞形花序顶生，有花1～5朵；花萼大，绿色，5深裂；花冠玫瑰紫色，阔漏斗形，具深红色斑点。蒴果长圆状卵球形。花期4～5月，果期9～10月。

分布习性 我国江苏、浙江、江西、福建、湖北、湖南、广东和广西。性喜凉爽、湿润、通风的半阴环境。

繁殖栽培 可用扦插、嫁接、压条、分株、播种繁殖。

园林用途 枝繁叶茂，绮丽多姿，最宜在林缘、溪边、池畔及岩石旁成丛成片栽植。深绿色的叶片，也适合栽种在庭园中作为矮墙或屏障。具较好的景观效果。也可散植于疏林下作地被，具较好的效果。也可盆栽观赏。

<table>
<tr><td>1</td><td colspan="2" rowspan="2">4</td></tr>
<tr><td>2</td></tr>
<tr><td>3</td><td>5</td><td>6</td></tr>
</table>

1. 片植于亭旁构成美景
2. 繁花盛开
3. 花朵
4. 鲜花烂漫美如仙境
5. 花团锦簇
6. 孤植

金钟花

Forsythia viridissima

木犀科连翘属

形态特征 落叶灌木，高可达3m。小枝绿色或黄绿色，呈四棱形。叶片长椭圆形至披针形，或倒卵状长椭圆形，通常上半部具不规则锐锯齿或粗锯齿，稀近全缘，上面深绿色，下面淡绿色，两面无毛。花1～4朵着生于叶腋，先于叶开放；花冠深黄色。果卵形或宽卵形。花期3～4月，果期8～11月。

分布习性 分布于我国华北、江苏、安徽、浙江、江西、福建、湖北、湖南及云南等地。适应性强，有较强的抗热性和耐寒性，萌芽力强。

繁殖栽培 常用播种、扦插、压条及分株繁殖。

园林用途 姿形洒脱，花色耀眼，可丛植或散植于池畔、亭前、道旁及公共绿地上。植株生长快，枝叶繁茂，可密植作绿篱。

同属植物 连翘 *Forsythia suspensa*，枝条细长拱形，皮孔明显。是我国北方春季重要的黄色花灌木。

	1	
	2	
3	4	5

1. 金钟花绿篱
2. 连翘列植
3. 金钟花枝叶
4. 金钟花篱
5. 连翘花期景观

蜡 梅

Chimonanthus praecox

蜡梅科蜡梅属

形态特征 落叶灌木，高可达4～5m。常丛生。叶对生，纸质，椭圆状卵形至卵状披针形，先端渐尖，全缘，芽具多数覆瓦状鳞片。冬末先叶开花，花单生于一年生枝条叶腋，有短柄及杯状花托，花被多片呈螺旋状排列，黄色，带蜡质，花期12月至翌年1月，有浓芳香。瘦果多数，6～7月成熟。

分布习性 原产于我国中部，现各地均有栽培。性喜阳光，能耐阴、耐寒、耐旱，忌渍水。

繁殖栽培 常用嫁接、扦插、压条或分株法繁殖。

园林用途 其花金黄似蜡，迎霜傲雪，岁首冲寒而开，久放不凋，常以孤植、对植、丛植、群植配置于园林与建筑物的入口处两侧和厅前、亭周、窗前屋后、墙隅及草坪、水畔、路旁等处。寒月早春，花黄耀眼，清香四溢，可盆栽观赏；同时与南天竹搭配，红果、黄花、绿叶交相辉映，为冬季赏瓶花之佳品。

同属品种及种 ‘素心’蜡梅 *Chimonanthus praecox* ‘Conclor’，花被纯黄，有浓香。

‘磬口’蜡梅 *Chimonanthus praecox* ‘Grandiflorus’，叶及花均较大，外轮花被黄色，内轮黄色上有紫色条纹，香味浓。

‘小花’蜡梅 *Chimonanthus praecox* ‘Parviflorus’，花朵特小，外层花被黄白色，内层有红紫色条纹。

西南蜡梅 *Chimonanthus campanulatus*，花黄色；茎灰褐色；叶绿色。

1	
2	3
4	

1. 蜡梅花枝
2. 西南蜡梅枝叶
3. 盛开的蜡梅
4. 蜡梅在绿地中群植

蓝花鼠尾草

Salvia farinacea

唇形科鼠尾草属

形态特征 亚灌木。高度 30 ～ 60cm，植株呈丛生状，植株被柔毛。茎为四角柱状，且有毛，下部略木质化。叶对生长椭圆形，灰绿色，叶表有凹凸状织纹，且有褶皱，灰白色，香味刺鼻浓郁。穗状花序，长约 12 cm，花小，紫色，花量大。花期夏季。

分布习性 原产于北美南部地区；我国各地均有栽培。性喜温暖、湿润和阳光充足环境，耐寒性强，怕炎热、干燥。

繁殖栽培 常用播种繁殖。

园林用途 花色耀眼，宜散植于石旁、林缘空隙地，更显得幽静。适用于花坛、花境和园林景点的布置。也可盆栽观赏。

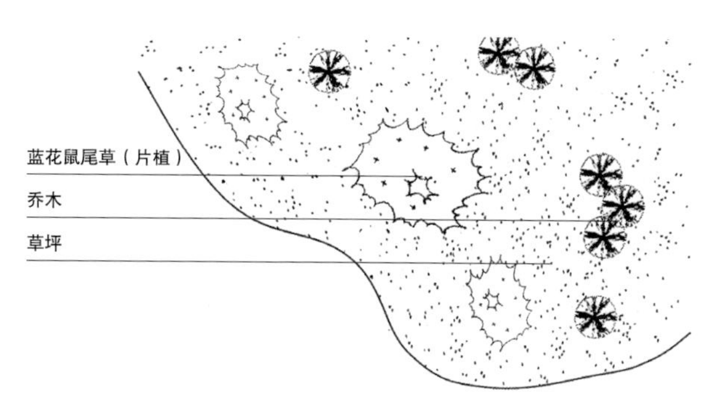

	2
	3
1	4

1. 花丛
2. 在花园绿地中片植
3. 壮观的群体效果
4. 片植景观

李

Prunus salicina

蔷薇科李属

形态特征 落叶小乔木，园林中常作灌木栽培。树冠广圆形；老枝紫褐色或红褐色；小枝黄红色；冬芽卵圆形，红紫色。叶片长圆倒卵形、长椭圆形，稀长圆卵形，边缘有圆钝重锯齿。花通常3朵并生；花瓣白色。核果球形。花期4月，果期7～8月。

分布习性 分布于我国华北、东北、陕西、甘肃、四川、云南、贵州、湖南、湖北、江苏、浙江、江西、福建、广东、广西和台湾等地；印度、巴基斯坦、阿富汗、喀什米尔地区等地也有分布。适应性强，有较强的抗热性和耐寒性，萌芽力强。

繁殖栽培 常用扦插、嫁接、分株繁殖。

园林用途 树形美观，花色秀丽，群植、丛植或散植于池畔、亭前、道旁及公共绿地。也可盆栽观赏。

1. 花枝
2. 在公园绿地上散植
3. 群植于山坡

麻叶绣线菊

Spiraea cantoniensis

蔷薇科绣线菊属

形态特征 灌木，高达 1.5m；小枝细瘦，圆柱形，呈拱形弯曲，幼时暗红褐色，无毛。叶片菱状披针形至菱状长圆形。伞形花序具多数花朵；花瓣近圆形或倒卵形，白色。花期 4～5 月，果期 7～9 月。

分布习性 原产于我国广东、广西、福建、浙江、江西，河北、河南、山东、陕西、安徽、江苏、四川均有栽培；日本也有分布。性喜温暖和阳光充足的环境。稍耐寒、耐阴，较耐干旱，忌湿涝。分蘖力强。

繁殖栽培 常用扦插繁殖。

园林用途 花序密集，花色洁白，宜丛植于湖旁、池畔、山坡、建筑物前。可列植作路旁矮篱，景观效果较好。宜单株或数株点缀花坛。也可盆栽观赏。

同属植物 珍珠绣线菊 *Spiraea thunbergii*，花序密集，花色洁白，宜丛植于湖旁、池畔、山坡，列植作路旁矮篱，景观效果较好。

‘脂粉’绣线菊 *Spiraea japonica*‘Anthony Waterer’，花色娇艳，着花繁茂，可植于林缘、建筑物阴面或与其它花木混植，丰富园林色彩；也可丛植或散植于池畔、亭前、道旁及公共绿地上。可作基础种植，布置花坛或花境。在南方常密植作花篱，景观效果好。耐阴能力较强，也可植于疏林下作地被。花朵繁密，叶片雅致，常用作切花或盆栽观赏。

<table>
<tr><td>1</td><td>4</td><td>5</td></tr>
<tr><td>2</td><td colspan="2" rowspan="2">6</td></tr>
<tr><td>3</td></tr>
</table>

1. ‘脂粉’绣线菊
2. ‘脂粉’绣线菊群植路旁
3. 珍珠绣线菊
4. 麻叶绣线菊花球
5. 麻叶绣线菊
6. ‘脂粉’绣线菊片植林下

玫　瑰

Rosa rugosa

蔷薇科蔷薇属

形态特征　落叶灌木。高可达2m，丛生；小枝密被茸毛，并有针刺和腺毛，皮刺淡黄色。小叶5～9片；小叶椭圆形或椭圆状倒卵形，先端急尖或圆钝，基部圆形或宽楔形，边缘有尖锐锯齿。花单生于叶腋，或数朵簇生，苞片卵形；花瓣倒卵形，重瓣至半重瓣，芳香，紫红色至白色。花期5～6月，果期8～9月。

分布习性　分布于我国华北，各地均有栽培；亚洲东部地区、保加利亚、印度、俄罗斯、美国、日本、朝鲜等地亦有分布。性喜阳光充足，耐寒、耐旱，

繁殖栽培　多用扦插、嫁接、分株繁殖。

园林用途　花色艳丽，花期长，适合配植在草坪、园路角隅、庭院、假山等处。可密植作绿篱，或攀栏缠架。以带状自然式栽植于绿篱、栏杆、绿地等边缘，或道路两旁及建筑物前，观赏效果较好。也可盆栽摆设于客厅、阳台和入口处。

同种变型　粉红单瓣 *Rosa rugosa* f. *rosea*；白花单瓣 f. *alba*；紫花重瓣 f. *plena*；白花重瓣 f.*albo-plena*。

1. 鲜艳的花丛
2. 片植景观

玫瑰茄

Hibiscus sabdariffa

锦葵科木槿属

形态特征 直立宿根草本，在广东园林中常作灌木栽培。高达 2m，茎淡紫色，无毛。叶异型，下部的叶卵形，不分裂，上部的叶掌状 3 深裂，裂片披针形。花单生于叶腋，近无梗；花黄色，内面基部深红色。蒴果卵球形。花期夏秋间。

分布习性 分布于东半球热带地区；我国台湾、福建、广东和云南南部等地均有栽培。喜光、喜温，忌早霜。

繁殖栽培 常用扦插繁殖。

园林用途 花朵鲜艳夺目，散植于池畔、亭前、道旁；在广东园林中常作地被栽培，具较好的效果。

1	
2	
3	4

1. 与其它植物配植形成丰富的层次
2. 花期的景观
3. 在绿地中片植
4. 花朵

美丽胡枝子

Lespedeza formosa

蝶形花科胡枝子属

形态特征 直立灌木，高 1 ～ 2m。多分枝，枝伸展，被疏柔毛。托叶披针形至线状披针形，褐色，被疏柔毛；小叶椭圆形、长圆状椭圆形或卵形，稀倒卵形。总状花序单一，腋生，比叶长，或构成顶生的圆锥花序；花冠红紫色，旗瓣近圆形或稍长。荚果倒卵形或倒卵状长圆形。花期 7 ～ 9 月，果期 9 ～ 10 月。

分布习性 分布于河北、陕西、甘肃、山东、江苏、安徽、浙江、江西、福建、河南、湖北、湖南、广东、广西、四川、云南等地；朝鲜、日本、印度也有分布。耐旱，耐高温，耐酸性土，耐土壤贫瘠，也较耐荫蔽。

繁殖栽培 常采用播种和扦插繁殖。

园林用途 其花色艳丽，很适宜与落叶丛生灌木和常绿藤本植物互相搭配，景观效果较好。在林缘或疏林下呈丛状、片状种植，具较好的效果。

	2
	3
1	4

1. 花序
2. 与其它植物组合成景
3. 配植在台阶旁
4. 点缀在岩石缝中

木芙蓉

Hibiscus mutabilis

锦葵科木槿属

形态特征 落叶灌木，高2～5m；小枝、叶柄、花梗和花萼均密被星状毛与直毛相混的细绵毛。叶宽卵形至圆卵形或心形，常5～7裂，裂片三角形。花单生于枝端叶腋间，花初开时白色或淡红色，后变深红色，花瓣近圆形。蒴果扁球形。

分布习性 原产我国湖南，辽宁、河北、山东、陕西、安徽、江苏、浙江、江西、福建、台湾、广东、广西、湖南、湖北、四川、贵州和云南等地均有分布；日本和东南亚各国也有栽培。性喜光，稍耐阴；喜温暖湿润气候，不耐寒。

繁殖栽培 常用扦插、压条、分株等方法繁殖。

园林用途 花朵鲜艳夺目，姹紫嫣红，散植于池畔、亭前及社区庭院。也可盆栽摆设于客厅和入口处。

1	
2	3

1. 列植形成花带
2. 孤植
3. 与景石相配

牡 丹

Paeonia suffruticosa

芍药科芍药属

形态特征 落叶灌木，其茎高达 2m。叶通常为二回三出复叶，偶尔近枝顶的叶为 3 小叶；顶生小叶宽卵形，裂片不裂或 2～3 浅裂，表面绿色，背面淡绿色，有时具白粉；侧生小叶狭卵形或长圆状卵形。花单生枝顶，花瓣 5 枚，或为重瓣，玫瑰色、红紫色、粉红色至白色，变异大。花期 5 月，果期 6 月。

分布习性 我国是牡丹的原产地，资源特别丰富，各地均有种植；日本、法国、意大利、英国、美国、澳大利亚、新加坡、朝鲜、荷兰、德国、加拿大等 20 多个国家均有引种栽培。

繁殖栽培 主要采用分株、嫁接、播种等，但以分株及嫁接居多，播种方法多用于培育新品种。

园林用途 由于牡丹色、姿、香、韵俱佳，其花大色艳，花姿绰约，艳压群芳，每年 4 月各地相继举办牡丹花会；河南洛阳、山东菏泽及各地植物园等均辟有专类园，园林景观甚美。

牡丹品种繁多，花色、花型丰富，可用于各种植物景观的配植。

<table>
<tr><td rowspan="2">1</td><td>3</td><td>4</td><td>5</td></tr>
<tr><td>6</td><td>7</td><td>8</td></tr>
<tr><td>2</td><td>9</td><td>10</td><td>11</td></tr>
</table>

1. 牡丹片植景观
2. 牡丹园
3. ‘朱砂垒’
4. ‘白王狮子’
5. ‘肉芙蓉’
6. ‘花游’
7. ‘丛中笑’
8. ‘迎日红’
9. ‘黑海撒金’
10. ‘乌龙捧盛’
11. ‘樱花粉’

木　槿

Hibiscus syriacus

锦葵科木槿属

形态特征　落叶灌木，高 3～4m，小枝密被黄色星状茸毛。叶菱形至三角状卵形，具深浅不同的 3 裂或不裂。花单生于枝端叶腋间，花钟形，淡紫色。蒴果卵圆形。花期 7～10 月。

分布习性　原产我国中部地区；全国各地均有栽培。适应性强。

繁殖栽培　常用扦插、分株繁殖。

园林用途　树形美观，花色艳丽，可丛植或散植于池畔、亭前、道旁及公共绿地上。也可盆栽观赏。

	2
1	3

1. 花朵
2. 在绿地中孤植
3. 丛植于草坪上

糯米条

Abelia chinensis

忍冬科糯米条属

形态特征 落叶灌木，高达2m；嫩枝纤细，红褐色，被短柔毛，老枝树皮纵裂。叶有时3枚轮生，圆卵形至椭圆状卵形。聚伞花序生于小枝上部叶腋，由多数花序集合成一圆锥状花簇；花芳香，花冠白色至红色。花期9月，果期10月。

分布习性 分布于长江以南地区，浙江、江西、福建、台湾、湖北、湖南、广东、广西、四川、贵州、云南。性喜温暖湿润气候，耐寒能力差。

繁殖栽培 多采用播种、扦插方法繁殖。

园林用途 枝条婉垂，树姿婆娑，开花时花密集梢端，花色白中带红，宜散植于池畔、亭前、道旁及社区庭院。可密植作花篱，具较好的景观效果。

1. 花序
2. 树姿婆娑，植作花篱

琼　花

Viburnum macrocephalum f. *keteleeri*

忍冬科荚蒾属

形态特征　落叶或半常绿灌木，高达4m；树皮灰褐色或灰白色；芽、幼枝、叶柄具灰白色或黄白色簇状短毛，后渐变无毛。叶纸质，卵形至椭圆形或卵状矩圆形，叶临冬至翌年春季逐渐落尽。聚伞花序，中央为两性花，边缘为大型不孕花组成；花冠白色，辐状。果椭圆形，先红后变黑。花期4～5月，果期9～10月。

分布习性　原产于我国江苏、浙江、湖北等地；印度、巴基斯坦、阿富汗、喀什米尔地区等地也有分布。性喜光，略耐阴，喜温暖湿润气候，较耐寒。

繁殖栽培　常用播种、嫁接繁殖。

园林用途　树姿优美，潇洒别致，花形奇特，可丛植或散植于池畔、亭前、道旁及公共绿地上。也可盆栽观赏。

1	2
3	
4	

1. 花序
2. 果序
3. 花果同放
4. 孤植于绿地中

湿生木槿

Hibiscus militaris

锦葵科木槿属

形态特征　落叶灌木，株高 2 ～ 3m。花瓣 5 枚，花初开时呈管状，盛开略呈盘状，花朵直径 10 ～ 15cm，比一般的木槿花花朵大 5 ～ 7cm；花色鲜艳，深红色。秋天，叶色逐渐变为橘红色，枝杆也慢慢变为红色。

分布习性　分布于澳大利亚；我国广东、广西、福建、浙江、江苏等地引进栽培。适应性强，不耐寒。

繁殖栽培　常用扦插繁殖。

园林用途　姿形美观，花色鲜艳，可丛植或散植于池畔及湿地公园。也可盆栽观赏。

1	
2	
3	4

1. 在公园景观中
2. 丛植于湿地中
3. 与水生花卉配置在水体中
4. 花朵

蜀　葵

Althaea rosea

锦葵科蜀葵属

形态特征　多年生草本，高达1～3m，灌木状，全株被毛。叶互生，近圆形，基部心形，掌状5～7浅裂，叶柄长。花腋生、单生或近簇生，排列成总状花序式，花大，直径6～10cm，有红、紫、白、粉红、黄和黑紫等色，单瓣或重瓣。花期6～9月。

分布习性　原产中国，在中国分布很广，华东、华中、华北、华南地区均有分布。世界各地广泛栽培。

繁殖栽培　蜀葵喜阳光，耐半阴，但忌涝。耐盐碱能力强。耐寒冷，在华北地区可以安全露地越冬。在疏松肥沃、排水良好、富含有机质的砂质土壤中生长良好。

园林用途　夏季少花时节，蜀葵花开茂盛，色彩丰富，硕大的花朵为夏季增添快乐气氛。成列或成丛种植在墙垣、栏杆、建筑物旁、假山旁，或点缀花坛、草坪，成为景观的焦点。

	2	
1	3	4

1. 鲜艳的花朵
2. 丛植于栏杆旁
3. 列植美化栅栏
4. 花序

猬 实

Kolkwitzia amabilis

忍冬科猬实属

形态特征 多分枝直立灌木，高可达3m。叶椭圆形至卵状椭圆形，叶片上面深绿色，两面散生短毛。花梗几不存在；苞片披针形，花冠淡红色，花药宽椭圆形；花柱有软毛。果实黄色。5～6月开花，8～9月结果成熟。

分布习性 分布于我国华北、山西、陕西、甘肃、湖北等地；欧美各国均有栽培。适应性强，耐寒、耐旱、耐瘠薄，抗性强。

繁殖栽培 常用播种、扦插、分株繁殖。

园林用途 植株紧凑，树干丛生，姿态优美，可丛植或散植于池畔、亭前、草坪、角隅、山石旁、园路交叉口、道旁及公共绿地。也可盆栽、插花观赏。

1	
2	3

1. 花枝浓密，植作花篱
2. 满树繁花
3. 花序

小 蜡

Ligustrum sinense

木犀科女贞属

形态特征 落叶灌木，一般高 2m 左右。小枝开展，密被黄色短柔毛。叶薄革质，椭圆形至椭圆状长圆形。圆锥花序疏松，顶生，长 6 ～ 10cm，有短柔毛；花白色。核果近球形。花期 3 ～ 5 月，果期 10 月。

分布习性 分布于江苏、浙江、安徽、江西、福建、台湾、湖北、湖南、广东、广西、贵州、四川、云南等地；越南也有分布，马来西亚也栽培。对土壤湿度较敏感，干燥瘠薄地生长发育不良。

繁殖栽培 常以播种、扦插繁殖，秋末播种，春季扦插。

园林用途 枝条萌发多，生长慢，耐修剪，常密植作绿篱，具较好的景观效果；在深山采集树桩，或盆栽幼苗，修剪造型制作盆景，摆设于客厅观赏。

同种品种 ‘花叶’山指甲 *Ligustrum sinense* ‘Variegatum’，沿叶边缘呈白色。

1	4	5
2	6	
3		

1. 花序
2. 山指甲花期景观
3. 列植成球篱
4. ‘花叶’山指甲
5. ‘花叶’山指甲球
6. 精心修剪的‘花叶’山指甲球点缀草地

猩猩草

Euphorbia heterophylla

大戟科大戟属

形态特征 多年生草本，在广东园林中常作灌木栽培。茎直立，基部有时木质化，上部多分枝，高可达1m，光滑无毛。叶互生，卵形、椭圆形或卵状椭圆形，先端尖或圆，基部渐狭，边缘波状分裂或具波状齿或全缘，无毛；总苞叶与茎生叶同形，淡红色或仅基部红色。花序单生，数枚聚伞状排列于分枝顶端，总苞钟状，绿色，常呈齿状分裂。蒴果，三棱状球形。花果期5～11月。

分布习性 分布于中南美洲，归化于旧大陆；我国大部分地区均有栽培。性喜光照。耐干不耐湿，旱生、也不耐寒。入秋出现红色叶。喜温暖干燥和阳光充足环境，怕积水，宜在疏松肥沃和排水良好的腐质土壤中生长。

繁殖栽培 常用扦插、播种繁殖。4月春播，播后7～10天发芽，发芽迅速整齐。种子有自播繁衍能力。

园林用途 苞片鲜艳夺目，洒脱多姿，植于池畔、亭前及庭院一隅。也可盆栽摆设于客厅和入口处。

1
2
3

1. 猩猩草
2. 盆栽摆放
3. 在绿地中散植，充满野趣

绣球花

Hydrangea macrophylla

八仙花科八仙花属

形态特征 落叶灌木，高 3m。叶对生，卵形至卵状椭圆形，表面暗绿色，叶缘有锯齿。夏季开花，花于枝顶集成大球状聚伞花序，全部为不孕花；花初开带绿色，后转为白色，具清香。花期 4～5 月。

分布习性 原产于我国华中和西南。性喜阴湿，怕旱又怕涝。

繁殖栽培 常用扦插、分株、压条和嫁接繁殖，以扦插为主。

园林用途 花序如球，雪花压树，清香满院，常植于疏林树下，游路边缘，建筑物入口处，或丛植几株于草坪一角，或散植于常绿树之前都很美观。也可盆栽观赏。

1	
2	
3	4

1. 花序
2. 与其它植物配置
3. 在草地上群植
4. 绣球花花团锦簇

迎春花

Jasminum nudiflorum

木犀科素馨属

形态特征 落叶灌木，直立或匍匐，高 0.3 ～ 5m，枝条下垂。枝稍扭曲，绿色，光滑无毛，小枝四棱形，棱上多少具狭翼。叶对生，三出复叶。花单生于去年生小枝的叶腋，稀生于小枝顶端；花冠黄色。花期 6 月。

分布习性 分布于我国华北、甘肃、陕西、四川、云南西北部、西藏东南部。性喜光，稍耐阴，略耐寒，怕涝，在华北地区均可露地越冬，要求温暖而湿润的气候，疏松肥沃和排水良好的砂质土，在微酸性土中生长旺盛，微碱性土中也能生长。根部萌发力强。

繁殖栽培 以扦插为主，也可用压条、分株繁殖。扦插于春、夏、秋三季均可进行。

园林用途 枝条披垂，冬末至早春先花后叶，花色金黄，叶丛翠绿。宜配置于湖边、溪畔、桥头、墙隅，或在草坪、林缘、坡地、房屋周围。在山东、北京、天津、安徽等地可用作花坛。在南方常密植作绿篱。也可盆栽观赏。

	2
	3
1	4

1. 花枝
2. 密植成花篱
3. 沿池边种植，如绿色瀑布
4. 孤植草地上

榆叶梅

Prunus triloba

蔷薇科李属

形态特征 落叶灌木或稀小乔木，高2～3m。短枝上的叶常簇生；叶片宽椭圆形至倒卵形，叶边具粗锯齿或重锯齿。花先于叶开放；花瓣近圆形或宽倒卵形，粉红色。果实近球形。花期4～5月，果期5～7月。

分布习性 分布于我国黑龙江、吉林、辽宁、内蒙古、河北、山西、陕西、甘肃、山东、江西、江苏、浙江等地；俄罗斯及中亚地区也有分布。性耐寒、耐旱、喜光。对土壤的要求不严，但不耐水涝，喜中性至微碱性土壤。

繁殖栽培 常用扦插、分株、压条及嫁接繁殖。

园林用途 树形美观，花团锦簇，可孤植、丛植或散植于池畔、亭前、道旁及公共绿地上。花叶繁茂，也可列植作花篱，具较好的景观效果。也可盆栽观赏。

1	
2	3

1. 花枝招展
2. 花开浓密
3. 植于绿地中

月 季 花

Rosa chinensis

蔷薇科蔷薇属

形态特征 常绿或半常绿直立灌木，在北方绿地中，冬季落叶。植株通常具钩状皮刺；小叶 3 ～ 5，广卵至卵状椭圆形，先端尖，缘有锐锯齿，两面无毛，表面有光泽；叶柄和叶轴散生皮刺和短腺毛，托叶大部附生在叶柄上，边缘有具腺纤毛。花常数朵簇生，罕单生，深红、粉红至近白色，微香；萼片常羽裂，缘有腺毛；花梗多细长。果卵形至球形，红色。花期 4 月下旬至 10 月，果熟期 9 ～ 11 月。

分布习性 分布于我国湖北、四川、云南、湖南、江苏、广东等地，现各地普遍栽培，其中尤以原种及月月红为多。性喜光，对环境适应性颇强，对土壤要求不高，但以富含有机质、排水良好的壤土为好。

繁殖栽培 多用扦插或嫁接法繁殖。硬枝、嫩枝扦插均易成活，一般在春、秋两季进行。此外，还可采用分株及播种法繁殖。

园林用途 花色艳丽，花期长，花色、瓣型、花型丰富，适合配植在草坪、园路角隅、庭院、假山等处。可密植作绿篱，或攀栏缠架。可以带状自然式栽植于绿篱、栏杆、绿地等边缘，或道路两旁及建筑物前，观赏效果较好。由于品种繁多，可在公园、植物园开辟专类园供游人观赏。也可盆栽摆设于客厅、阳台和入口处。

<table>
<tr><td>1</td><td colspan="2">4</td></tr>
<tr><td>2</td><td rowspan="2">5</td><td>6</td></tr>
<tr><td>3</td><td>7</td></tr>
</table>

1. 片植于假山周围
2. 春日四时常在目，但看花开日日红
3. 植物园中月季园
4. 月季专类园
5. 庄园中月季花坛
6. 白色花的群植效果
7. 粉色花的群植效果

珍珠梅

Sorbaria sorbifolia

蔷薇科珍珠梅属

形态特征 落叶灌木,高达3m,枝条开展。羽状复叶,小叶片11～17枚;小叶片对生。顶生大型密集圆锥花序,分枝近于直立,花瓣长圆形或倒卵形,白色。蓇葖果长圆形。花期6～8月,果期9月。

分布习性 分布于我国华北、辽宁、吉林、黑龙江、内蒙古等地;俄罗斯、朝鲜、日本、蒙古亦有分布。性喜光且耐半阴,耐寒,萌蘖性强,耐修剪。

繁殖栽培 常用播种、扦插、分株繁殖。

园林用途 花叶清丽,树形美观,又白又圆的花蕾似珍珠。可孤植、列植或丛植于池畔、亭前、道旁及公共绿地,效果甚佳。也可盆栽观赏。

	2
	3
1	4

1. 含苞待放的花蕾,如颗颗珍珠
2. 珍珠梅花期
3. 花序
4. 列植墙垣

肿柄菊

Tithonia diversifolia

菊科肿柄菊属

形态特征　宿根草本，高 2 ～ 5m。在广东园林中常作灌木栽培。茎直立，有粗壮的分枝，被稠密的短柔毛或通常下部脱毛。叶卵形或卵状三角形或近圆形，3 ～ 5 深裂，有长叶柄，上部的叶有时不分裂，裂片卵形或披针形，边缘有细锯齿。头状花序大，顶生于假轴分枝的长花序梗上；花黄色。瘦果长椭圆形。花果期 9 ～ 11 月。

分布习性　原产于墨西哥。我国广东、云南引种栽培。喜光植物，有多样化的生境。

繁殖栽培　常用播种和扦插繁殖。靠近基部较粗壮的枝条，在生长期具有发生气生不定根的特性，以此作插条，成活率可达 100%。嫩枝扦插成活率较低，仅 20% 左右。

园林用途　花朵鲜艳夺目，散植于池畔、亭前及社区庭园。

1	2
3	
4	

1. 植于花台上
2. 花丛
3. 丛植于绿地中
4. 与其它植物组景

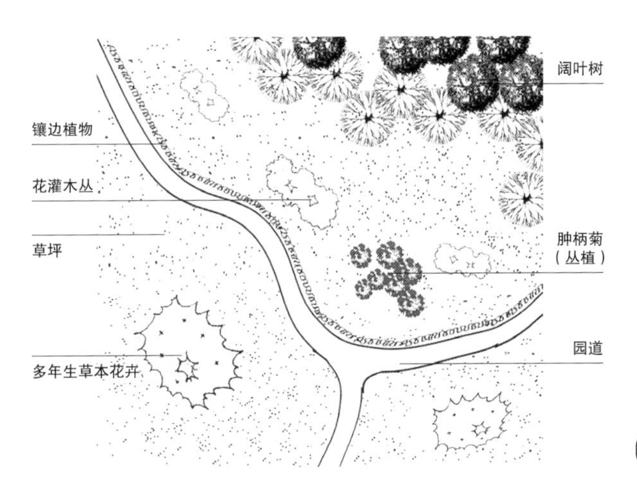

紫丁香

Syringa oblata

木犀科丁香属

形态特征 落叶灌木或小乔木，高可达5m。叶片革质或厚纸质，卵圆形至肾形，宽常大于长。圆锥花序直立，由侧芽抽生，近球形或长圆形；花冠紫色。果倒卵状椭圆形、卵形至长椭圆形。花期4～5月，果期6～10月。

分布习性 分布于我国东北、华北、西北（除新疆）以至西南达四川西北部等地。适应性强。

繁殖栽培 常用扦插繁殖。

园林用途 花序大，花期长，香味浓，叶面光亮，树形美观，可丛植或散植于池畔、亭前、道旁及公共绿地上。

同属植物 暴马丁香 *Syringa reticulata* var. *amurensis*，花白色，可丛植或散植于池畔、亭前、道旁及公共绿地上。

北京丁香 *Syringa pekinensis*，春季，在北方的公园里、道路两边盛开的丁香花，香气四溢，繁花满树，洁白如雪，惹人喜爱。

'北京黄' 丁香 *Syringa pekinensis* 'Beijing Huang'，花黄色。

1	3	5
2	4	6

1. 紫丁香花序
2. 紫丁香丛植公园绿地中
3. '北京黄' 丁香花序
4. 北京丁香花序
5. '北京黄' 丁香在公园中
6. 暴马丁香

紫 荆

Cercis chinensis

苏木科紫荆属

形态特征 落叶灌木，高 2 ～ 5m。叶纸质，近圆形或三角状圆形。花紫红色或粉红色，2 ～ 10 朵成束，簇生于老枝和主干上，尤以主干上花束较多，通常先于叶开放。荚果扁狭长形，绿色。花期 3 ～ 4 月；果期 8 ～ 10 月。

分布习性 原产于我国，东自浙江、江苏及山东；西至云南、四川；南起广东、海南、广西；北至河北、陕西等地区均有栽培。性喜光，稍耐阴，较耐寒；喜肥沃、排水良好的土壤，不耐湿。

繁殖栽培 常采用播种、压条、扦插、分株或嫁接繁殖。

园林用途 花色艳丽美观，可丛植或散植于池畔、亭前、道旁及公共绿地上，具有较好的观赏效果。

<table>
<tr><td>1</td><td>3</td><td>4</td></tr>
<tr><td>2</td><td colspan="2">5</td></tr>
</table>

1. 缀满花簇的植株
2. 枝上生花
3. 叶片
4. 果实
5. 列植于居住区绿地中

紫　薇

Lagerstroemia indica

千屈菜科紫薇属

形态特征　落叶灌木或小乔木。叶纸质，椭圆形或卵形。圆锥花序顶生，多花，细小。盛花期 7～9 月。

分布习性　原产于我国台湾，全国各地均有栽培；越南也有分布。

繁殖栽培　以播种和扦插繁殖育苗。

园林用途　着花繁密，花色丰富，且花期早，可丛植或散植于池畔、亭前、道旁及公共绿地上。也可盆栽观赏。

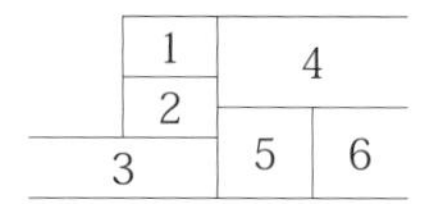

1. 丛植于绿地
2. 在道路隔离带中列植
3. 植作花篱
4. 紫薇花期各色紫薇盛开
5. 紫薇在绿地中的景观
6. 花序

朱缨花
Calliandra haematocephala
含羞草科朱缨花属

形态特征 落叶灌木，高1～3m。二回羽状复叶，羽片1对，小叶7～9对，斜披针形。头状花序腋生，有花约25～40朵，花冠淡紫红色，花丝离生，深红色。荚果线状倒披针形。花期8～9月，果期10～11月。

分布习性 原产于美洲热带和亚热带，世界热带、亚热带地区广为栽培；我国台湾、福建、广东等地有栽培。性喜温暖、湿润和阳光充足的环境，不耐寒。

繁殖栽培 常用播种、扦插繁殖。

园林用途 叶色亮绿，花色鲜红，似绒球状，可修剪成球状体，丛植或散植于池畔、亭前、道旁及公共绿地上。植株生长快，枝叶繁茂，在南方常密植作绿篱，具较好的景观效果。也可盆栽观赏。

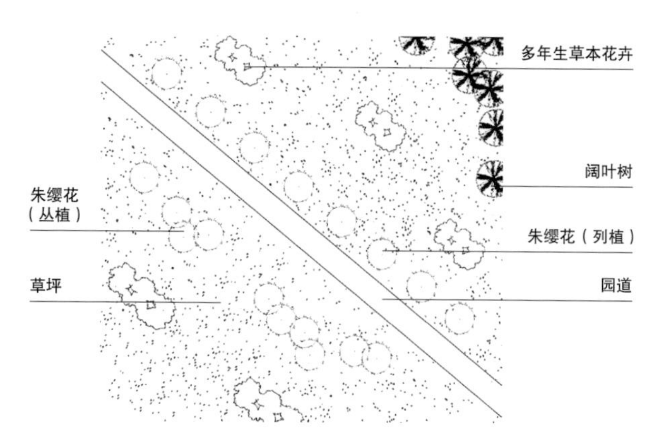

1	2
3	
4	

1. 花序
2. 植作绿篱
3. 在绿地丛植
4. 修剪成球状散植草地上

5 第五章 常绿花灌木

巴西野牡丹

Tibouchina semidecandra

野牡丹科荣丛花属

形态特征 常绿灌木，高约1～3m；小枝圆柱形，疏被星状柔毛。叶阔卵形或狭卵形，先端渐尖，基部圆形或楔形，边缘具粗齿或缺刻，两面除背面沿脉上有少许疏毛外，均无毛。花单生于上部叶腋间，常下垂，花冠漏斗形，玫瑰红色或淡红、淡黄等色，花瓣倒卵形，先端圆，外面疏被柔毛；雄蕊柱长，平滑无毛。蒴果卵形，有喙。花期全年。

分布习性 分布于巴西低海拔山区及平地；我国广东、海南等地有引种栽培。性喜阳光充足、温暖、湿润的气候；对土壤要求不高，喜微酸性的土壤。具有较强的耐阴及耐寒能力，在半阴的环境下生长良好。

繁殖栽培 常用扦插繁殖。

园林用途 花大、多且密。株型美观，枝繁叶茂，叶片翠绿，一年四季皆有花。散植于池畔、亭前、道旁；盆栽置于屋前房后或窗台，展现郊外野趣，效果极佳。

同属植物 角茎野牡丹 *Tibouchina granulosa*，株型紧凑丰满，自然分枝性强，叶美花繁，可丛植或散植于池畔、亭前、道旁及公共绿地。也可盆栽观赏。

	2	3
	4	
1	6	

1. 角茎野牡丹在绿化带中
2. 巴西野牡丹
3. 角茎野牡丹
4. 巴西野牡丹片植景观
5. 巴西野牡丹开满花池

茶　梅

Camellia sasanqua

山茶科山茶属

形态特征　常绿灌木，嫩枝有毛。叶革质，椭圆形，边缘有细锯齿。花瓣6～7片，阔倒卵形，近离生，大小不一；花色除有红、白、粉红外，还有很多奇异的变色及红、白镶边等。蒴果球形，果片3裂，种子褐色，无毛。

分布习性　分布于日本、新西兰、美国等；我国江苏、浙江、福建、广东等地有栽培。性喜阴湿，以半阴半阳最为适宜。

繁殖栽培　常用扦插、嫁接、压条和播种等繁殖。

园林用途　树姿优美，枝条横展，可孤植或对植于池畔、亭前、道旁及公共绿地上。低矮的植株，姿态丰满，着花量亦多，可与其它花灌木配置成花坛、花境。也可盆栽观赏。

同种品种　'秋芍药' *Camellia sasanqua* 'Autumn Peony'；'丹王' *Camellia sasanqua* 'Red Jada'；重瓣茶梅 *Camellia sasanqua* 'Anemoiflora'。

1	
2	3

1. 孤植于草地
2. 在林地中散植
3. 茶梅在景观中的配置

长春花

Catharanthus roseus

夹竹桃科长春花属

形态特征 亚灌木，略有分枝，高达60cm，有水液，全株无毛或仅有微毛；茎近方形，有条纹，灰绿色。叶膜质，倒卵状长圆形。聚伞花序腋生或顶生，有花2～3朵；花冠红色，高脚碟状，花冠筒圆筒状。蓇葖双生，直立，平行或略叉开。花期、果期几乎全年。

分布习性 原产于地中海沿岸、印度、热带美洲；我国广东、广西、云南等地普遍栽培。性喜高温、高湿、耐半阴，不耐严寒；喜阳光，忌湿怕涝。

繁殖栽培 常用播种和扦插繁殖。

园林用途 花朵鲜艳夺目，朝开暮萎，姹紫嫣红，散植于池畔、亭前、道旁。在南方常密植作花坛花境，景观效果较好。也可盆栽观赏。

1	2
3	
4	

1. 装饰树坛
2. 充分利用建筑的小空间作点缀
3. 片植景观
4. 种植在花盆中装饰栏杆

长蕊合欢

Calliandra surinamensis

含羞草科朱缨花属

形态特征 灌木，枝条开展，树形如反撑的伞。二回羽状复叶，具一对分叉的羽片，小叶 10～12 对，线状披针形，先端锐尖，基部钝而歪斜。花瓣小，花丝多而长，花丝基部白色，上端粉红色，腋生头状花序，形似合欢。荚果扁平阔线形，边缘增厚。花期特长，几乎全年不断开花。

分布习性 原产南美圭亚那和巴西、苏里南岛；我国广东、云南、台湾均有栽培。性喜阳光充足，耐暑热，不耐寒，耐干旱，也耐水湿。

繁殖栽培 常用扦插繁殖。

园林用途 叶面光亮，树形美观，可孤植、丛植或散植于公园、假山旁或池畔、亭前、道旁及公共绿地上。也可盆栽观赏。

1	2
3	
4	

1. 羽状复叶
2. 花序
3. 在公园绿地中的景观
4. 在草地上群植

橙花羊蹄甲

Bauhinia galpinii

苏木科羊蹄甲属

形态特征 常绿藤状灌木，株高 50～150cm，枝条细软，枝极平整，向四周匍匐伸展，冠幅常大于高度。叶革质互生，双肾型，全缘。伞房或短总状花序顶生或腋生于枝梢末端，花 5 瓣，浅红色至砖红色。荚果扁平，初为绿色，成熟时为褐色。花期 5～10 月。

分布习性 分布于南非地区；我国华南地区各地有栽培。性喜阳光充足温湿的环境，抗炎热，耐干旱、贫瘠土壤，但不耐寒。

繁殖栽培 常用扦插繁殖。

园林用途 叶似羊蹄，花色艳美，可丛植或散植于池畔、亭前、道旁及公共绿地上。在南方常密植作绿篱。

同属植物 白花羊蹄甲 *Bauhinia variegata*，叶似羊蹄，花色洁白，可丛植或散植于池畔、亭前、道旁及公共绿地上。

	3	
	4	5
1	6	
2		

1. 白花羊蹄甲
2. 黄花羊蹄甲
3. 橙花羊蹄甲孤植在绿地中
4. 橙花羊蹄甲叶
5. 橙花羊蹄甲
6. 在草地上散植

翅荚决明

Cassia alata

苏木科决明属

形态特征　常绿直立灌木，高 1.5 ～ 3m；枝粗壮，绿色。叶在靠腹面的叶柄和叶轴上有二条纵棱条，有狭翅，托叶三角形；小叶 6 ～ 12 对，薄革质，倒卵状长圆形或长圆形，下面叶脉明显凸起。花序顶生和腋生，花瓣黄色，有明显的紫色脉纹。荚果长带状。花期 11 月～翌年 1 月；果期 12 月～翌年 2 月。

分布习性　原产美洲热带地区，现广布于全世界热带地区；我国云南、广东等地也有分布。性喜高温湿润气候，不耐寒，不耐强风，耐干旱，耐贫瘠，适应性强，喜光耐半阴。

繁殖栽培　常用扦插繁殖。

园林用途　花色鲜黄，花序独特，可丛植、片植于庭院、林缘、路旁、湖畔。也可盆栽观赏。

同属植物　双荚决明 *Cassia bicapsularis*, 花朵鲜艳夺目，散植于池畔、亭前、道旁。植株生长快，枝条萌发多，在南方常密植作绿篱，可遮掩生硬的石墙，具较好的景观效果。

1	
2	
3	4

1. 翅荚决明丛植
2. 翅荚决明在绿地中的景观
3. 双荚决明在林地中
4. 双荚决明

翠芦莉

Ruellia brittoniana

爵床科芦莉草属

形态特征　半灌木，株高为30～100cm。单叶对生，线状披针形。叶暗绿色，新叶及叶柄常呈紫红色；叶全缘或疏锯齿。花腋生，花冠漏斗状，多蓝紫色，少数粉色或白色。花期3～10月，开花不断。

分布习性　原产于墨西哥；我国广东、云南、台湾、福建、广西、四川等地均有栽培。性喜高温，耐酷暑，生长适温22～30℃。不择土壤，耐贫瘠力强，耐轻度盐碱土壤。对光照要求不严，全日照或半日照均可。

繁殖栽培　可用播种、扦插或分株等方法繁殖，春、夏、秋三季均可进行。

园林用途　因花期长，花姿优美，花谢花开，日日见花，遍植或散植于池畔、亭前，均具良好的景观效果。与其它花卉形成自然式的斑块混交，表现花卉的自然美以及不同种类植物组合形成的群落美；亦可组合成色彩丰富的花坛图案。因对光照要求不严，故适作地被，也有较好的效果。也可盆栽观赏。耐湿性较好，故适植于池湖岸边，或园林湿地，也有较好的景观效果。

同种品种　‘粉红’翠芦莉 *Ruellia brittoniana*‘Pink flower’，花浅粉红色。

<table>
<tr><td>1</td><td rowspan="2" colspan="2">4</td></tr>
<tr><td>2</td></tr>
<tr><td>3</td><td>5</td><td>6</td></tr>
</table>

1. 翠芦莉
2. 在水景中应用
3. 群植于绿地
4. 配植池中形成美丽景观
5. ‘粉红’翠芦莉
6. 翠芦莉植于花台

大花芦莉

Ruellia elegans

爵床科芦莉草属

形态特征 常绿小灌木，株高 60 ～ 100cm。叶椭圆状披针形，叶面微卷、对生。花腋生，花冠圆筒状，先端 5 裂，花色浓鲜桃红色，开花不断。盛开期春夏秋。

分布习性 原产于巴西等南美洲国家；我国广东、云南、台湾、福建、广西、四川等地均有栽培。性喜高温，生育适温约 22 ～ 30℃。抗寒、抗风性强，耐旱，半阴至全阳均适合。

繁殖栽培 可用扦插繁殖。

园林用途 因花期长，花色艳美，遍植或散植于池畔、亭前，均具良好的景观效果。与其它花卉形成自然式的斑块混交，表现花卉的自然美以及不同种类植物组合形成的群落美；亦可组合成色彩丰富的花坛图案。因对光照要求不严，故适作地被，也有较好的效果。也可盆栽观赏。

	2
	3
1	4

1. 大花芦莉
2. 红花绿叶，郁郁葱葱
3. 密植成花墙
4. 列植成花篱

地涌金莲

Musella lasiocarpa

芭蕉科地涌金莲属

形态特征 植株灌木状丛生，具水平向根状茎。假茎矮小，高不及60cm，基径约15cm。叶片长椭圆形，先端锐尖，两侧对称，有白粉。花序直立，直接生于假茎上，密集如球穗状，黄色或淡黄色，有花2列，每列4～5花；合生花被片卵状长圆形。浆果三棱状卵形；种子大，扁球形。

分布习性 分布于我国云南中部至西部。性喜光照充足，温暖；在0℃以下低温，地上部分会受冻。喜肥沃、疏松土壤。易移栽。

繁殖栽培 常用播种、分株繁殖。

园林用途 开花时犹如涌出地面的金莲花，十分壮丽，适于窗前、墙隅、假山石旁配植或成片种植。也适合盆栽观赏。

1
2
3

1. 列植在台阶旁
2. 点缀在山石间
3. 在花坛中应用

吊灯扶桑

Hibiscus schizopetalus

锦葵科木槿属

形态特征 常绿直立灌木，高达3m；小枝细瘦，常下垂，平滑无毛。叶椭圆形或长圆形，边缘具齿缺，两面均无毛。花单生于枝端叶腋间；花瓣5枚，红色，深细裂作流苏状，向上反曲；雄蕊柱长而突出，下垂，长9～10cm，无毛。蒴果长圆柱形。花期全年。

分布习性 分布于东非热带地区；我国台湾、福建、广东、广西和云南南部各热带地区均有栽培。性喜温暖、湿润，要求日光充足，不耐阴，不耐寒、旱，在长江流域及以北地区只能盆栽，低于0℃即遭冻害。

繁殖栽培 以扦插及嫁接等方法繁殖。

园林用途 植株美丽洒脱，花色红艳，花期长，布置于池畔、亭前、道旁等地，具较好的景观效果。

1. 散植在草地上
2. 美丽的花朵像一盏吊灯

冬 红

Holmskioldia sanguinea

马鞭草科冬红属

形态特征 常绿灌木，高 3 ～ 7m；小枝四棱形，具四槽，被毛。叶对生，膜质，卵形或宽卵形。聚伞花序常 2 ～ 6 个再组成圆锥状，每聚伞花序有 3 花；花萼朱红色或橙红色。果实倒卵形。花期冬末春初。

分布习性 原产喜马拉雅；我国广东、广西、台湾等地有栽培。性喜高温，生长适温 23 ～ 32℃，冬季忌潮湿。

繁殖栽培 常用扦插繁殖。

园林用途 花萼鲜艳夺目，姹紫嫣红，散植于池畔、亭前、道旁。

枝条伸长具蔓性，花后进行强剪，促使其萌发新枝。适用于花架、花廊，具较好的景观效果。也可盆栽观赏。

1. 朱红色的花萼鲜艳夺目
2. 点缀石旁
3. 在绿地中组景

钝叶鸡蛋花

Plumeria obtusa

夹竹桃科鸡蛋花属

形态特征 常绿半落叶性小乔木，广东地区常作灌木栽培；少见枝叶完全光秃。株高可达8m。叶片长卵圆形，叶尖圆钝。花序斜伸或下垂，白色花朵圆整，花冠喉部黄色斑纹小，花径为同属中最大者。夏秋开花，花朵芳香。花期2～11月。

分布习性 原产于墨西哥，现广植于热带及亚热带地区；我国广东、海南、云南等地均有栽培。性喜温暖湿润气候。

繁殖栽培 常用扦插繁殖。

园林用途 树形美观，叶面亮绿，花色美丽，可丛植或散植于池畔、亭前、道旁及公共绿地上。也可盆栽观赏。

	2
	3
1	4

1. 配植在山石旁
2. 花序
3. 孤植赏叶
4. 在路边丛植

佛肚树

Jatropha podagrica

大戟科麻疯树属

形态特征 常绿肉质灌木，不分枝或少分枝，高0.3～1.5m，茎基部或下部通常膨大呈瓶状；枝条粗短，肉质，具散生突起皮孔，叶痕大且明显。叶盾状着生，轮廓近圆形至阔椭圆形，顶端圆钝，基部截形或钝圆，全缘或2～6浅裂，上面亮绿色，下面灰绿色，两面无毛。花序顶生，具长总梗，分枝短，红色；花瓣倒卵状长圆形，红色。蒴果椭圆状。花期几全年。

分布习性 原产于澳大利亚，巴拿马、哥伦比亚等地也有分布；我国广东、云南、广西、福建等地均有栽培。性喜阳光，最适宜在22～28℃环境中生长。

繁殖栽培 常用播种和扦插繁殖。

园林用途 树形美观，花果奇特，可丛植或散植于池畔、亭前、道旁及公共绿地上。也可盆栽观赏。

1. 果序
2. 在绿地中片植景观

芙蓉菊

Crossostephium chinense

菊科芙蓉菊属

形态特征 常绿半灌木，高 10 ～ 40cm，上部多分枝，密被灰色短柔毛。叶聚生枝顶，狭匙形或狭倒披针形，全缘或有时 3 ～ 5 裂，顶端钝，基部渐狭，两面密被灰色短柔毛，质地厚。头状花序盘状，生于枝端叶腋，排成有叶的总状花序；总苞半球形；盘花两性，花冠管状。花果期全年。

分布习性 原产于我国中南及东南部；中南半岛、菲律宾、日本也有栽培。性喜温暖、湿润气候，喜爱充足阳光，不耐阴。

繁殖栽培 可采用圈枝、播种和扦插法繁殖。

园林用途 可丛植或片植于池畔、亭前、道旁及公共绿地上。也可作地被。也可盆栽观赏。

	1
2	

1. 芙蓉菊
2. 银灰色的叶丛丰富了绿地的色彩

狗 牙 花

Ervatamia divaricata 'Gouyahua'

夹竹桃科狗牙花属

形态特征 常绿灌木，通常高达 3m，除萼片有缘毛外，其余无毛；枝和小枝灰绿色。叶坚纸质，椭圆形或椭圆状长圆形，短渐尖，叶面深绿色，背面淡绿色。聚伞花序腋生，通常双生，近小枝端部集成假二歧状，着花 6 ～ 10 朵；花冠白色。种子长圆形。花期 6 ～ 11 月，果期秋季。

分布习性 分布于我国广西、广东、台湾、云南等地；印度也有分布。性喜温暖湿润，不耐寒，宜半阴，喜肥沃排水良好的酸性土壤。

繁殖栽培 常用扦插繁殖。

园林用途 树形美观，叶面光亮，花色洁白，可丛植或散植于池畔、亭前、道旁及公共绿地上。也可盆栽观赏。

1
2
3

1. 狗牙花
2. 用于居住区绿化
3. 在林地中与其它植物配植

红 蝉 花

Mandevilla sanderi

夹竹桃科文藤属

形态特征 常绿藤本灌木。叶对生，全缘，长卵圆形，先端急尖，革质，叶面有皱褶，叶色浓绿并富有光泽。花腋生，花冠漏斗形，花色为红色、桃红色、橙红色，粉红等。花期主要为夏、秋两季。

分布习性 分布于南美国家；我国广东、台湾、福建、云南等地有栽培。性喜温暖湿润及阳光充足的环境。

繁殖栽培 常用扦插繁殖。

园林用途 植株为藤本类，枝叶繁茂，花色鲜艳，在南方常用于篱垣、棚架绿篱，具较好的景观效果。也可盆栽观赏。

1
2
3

1. 红蝉花
2. 在绿化带中
3. 列植路旁

红萼龙吐珠

Clerodendrum speciosum

马鞭草科大青属

形态特征 常绿藤本状灌木,园艺杂交栽培。茎伸长,多数分枝,小枝带黑色,四方形。叶有柄,对生,纸质,卵状椭圆形,全缘。聚伞花序成圆锥状,腋生或顶生;花冠、花萼鲜红色;雄蕊4枚,着生冠筒内,远挺出花冠外,花丝线形,细长,白色。核果,球形,种子4粒,黑色。

分布习性 分布于非洲;我国南方各地有栽培。性喜湿润,喜肥沃、排水良好的砂质壤土。

繁殖栽培 常用播种、扦插繁殖。

园林用途 花朵奇异,似龙吐珠,树姿优美,可修剪成灌木状,丛植或散植于池畔、亭前及公共绿地上。枝叶繁茂,在南方常密植作绿篱花架。也可盆栽观赏。

1	
2	3

1. 攀援花架
2. 遮盖石墙
3. 花序

红粉扑花

Calliandra emarginata

含羞草科朱缨花属

形态特征　灌木。羽状复叶，叶片歪椭圆形至肾形。花从叶腋处长出，有花 20 余朵，花瓣小而不显著，雄蕊红色，基部合生处为白色，花丝细长，聚合成半球状。

分布习性　原产于墨西哥至危地马拉；我国广东、海南、云南、广西、福建等地也有栽培。适应性强。

繁殖栽培　常用扦插繁殖。

园林用途　株型紧凑丰满，叶形独特美观，可丛植或散植于池畔、亭前、道旁及公共绿地上。植株生长快，枝叶繁茂，在南方常密植作绿篱。也可盆栽观赏。

	2
	3
1	4

1. 花序
2. 孤植在草地上
3. 列植形成花篱
4. 配植在池边

红花檵木

Loropetalum chinense var. *rubrum*

金缕梅科檵木属

形态特征　常绿灌木（檵木的变种）。嫩枝红褐色，密被星状毛。叶革质互生，卵圆形或椭圆形，先端短尖，基部圆而偏斜，不对称，两面均有星状毛，全缘，暗红色。花瓣4枚，紫红色，线形，花3～8朵簇生于小枝端。蒴果褐色，近卵形。花期4～5月，果期8月。

分布习性　分布于我国长江中下游及以南各地；印度北部也有分布。适应性强，耐旱。喜温暖，耐寒冷。

繁殖栽培　常用扦插繁殖。

园林用途　叶面光亮，树形美观，可孤植、丛植或群植于池畔、亭前、道旁及公共绿地；可修剪成球状体布置于绿带中。植株生长快，枝叶繁茂，在南方常密植作绿篱，具较好的景观效果。也可盆栽观赏。

1
2
3

1. 作花坛的主景
2. 在绿地中
3. 花期像红球

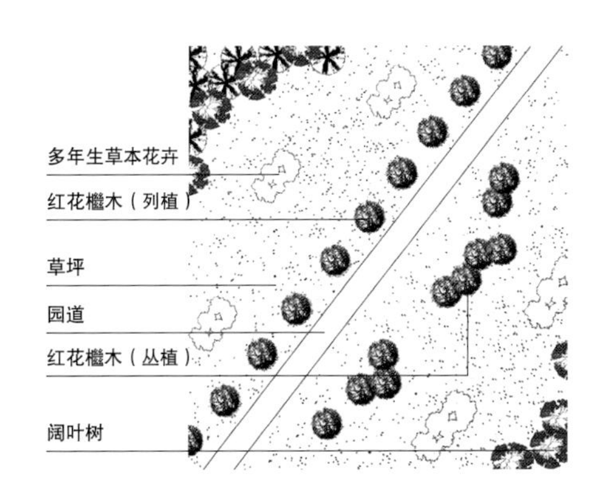

红花玉芙蓉

Leucophyllum frutescens

玄参科玉芙蓉属

形态特征 常绿小灌木，株高 30～150cm。叶互生，椭圆形或倒卵形，密被银白色茸毛，质厚，全缘，微卷曲。花腋生，花冠铃形，5 裂，紫红色，花期夏、秋两季。

分布习性 原产于北美洲墨西哥至美国；我国华南地区有栽培。性耐寒、耐旱、耐热，属于阳性植物，喜欢生长在温暖稍干旱的环境中。

繁殖栽培 常用扦插、高压法繁殖。

园林用途 全株茂密，叶色独特，散植于池畔、亭前、道旁，具较好的效果。

枝条萌发多，耐修剪，可密植修剪成矮篱。也可盆栽观赏。

1	2
3	

1. 花枝
2. 孤植于绿地
3. 修剪成球形

红　木

Bixa orellana

红木科红木属

形态特征　常绿灌木，高 2 ～ 10m；枝条棕褐色。叶心状卵形或三角状卵形，先端渐尖，基部圆形或几截形，有时略呈心形，叶全缘。圆锥花序顶生，密被红棕色的鳞片和腺毛；花较大，粉红色。蒴果近球形或卵形，密生栗褐色长刺。

分布习性　分布于我国云南、广东、台湾等地。适应性强。

繁殖栽培　常用扦插繁殖。

园林用途　叶面光亮，树形美观，可丛植或散植于池畔、亭前、道旁及公共绿地上。也可盆栽观赏。

1. 花序
2. 在绿地中景观

红 千 层

Callistemon rigidus

桃金娘科红千层属

形态特征　常绿灌木或小乔木。叶片坚革质,叶互生,条形。穗状花序,有多数密生的花,花红色。花期6～8月。

分布习性　原产澳大利亚;广东、广西、福建、浙江、海南等地均有栽培。性喜肥沃、酸性土壤。

繁殖栽培　主要以扦插繁殖。

园林用途　株形飒爽美观,开花珍奇美艳,可丛植或散植于池畔、亭前、道旁及公共绿地上。也可盆栽观赏。

	2
	3
1	4

1. 花序
2. 在林地中孤植
3. 花序像红色的刷子,珍奇美艳
4.在绿地中的景观

红穗铁苋

Acalypha hispida

大戟科铁苋属

形态特征 常绿灌木，高 0.5 ～ 3m。叶纸质，单叶互生，阔卵形或卵形。雌雄异株，雌花序腋生，穗状，长 15 ～ 30cm，下垂，花序轴被柔毛；雌花苞片卵状菱形，散生，全缘，外面具柔毛，苞腋具雌花 3 ～ 7 朵，簇生；子房近球形，密生灰黄色粗毛，花柱 3 枚，红色或紫红色；雄花序未见。蒴果未见。花期 2 ～ 11 月。

分布习性 原产马来群岛以及新几内亚岛；现广泛栽培于世界各地；我国台湾、福建、广东、海南、广西、云南常有栽培。性喜温暖、湿润和阳光充足的环境；不耐寒冷且不耐干旱；喜空气湿润以及土壤湿润，喜肥沃的土壤。

繁殖栽培 常用扦插繁殖。

园林用途 花形奇特，长而下垂，适合散植于池畔、亭前、道旁及社区庭院。也可盆栽观赏。

1. 花序
2. 在绿地中的景观

红纸扇

Mussaenda erythrophylla

茜草科玉叶金花属

形态特征 常绿或半落叶灌木，株高1～1.5m。叶纸质，披针状椭圆形，顶端长渐尖，基部渐窄，两面被稀柔毛，叶脉红色。聚伞花序。花冠五角星状，黄色。一些花的一枚萼片扩大成叶状，深红色，卵圆形。顶端短尖，被红色柔毛。有纵脉5条。

分布习性 分布于热带亚洲和非洲；我国西南至台湾一带，尤以西南地区为多，广东、云南、台湾、福建、广西等地均有栽培。性喜高温，适生温度为20～30℃，冬季气温低至10℃时即落叶休眠，怕冷。

繁殖栽培 常用播种、扦插和压条繁殖。

园林用途 变态的叶状红色萼片迎风摇曳，衬托着白色小花甚为美观，宜散植于池畔、亭前、道旁及社区庭院。植于树下作地被，具较好的效果。也可盆栽观赏。

同属植物 白纸扇 *Mussaenda pubescens*，聚伞花序顶生，萼片5深裂，裂片线形，常具1～2枚大型叶状苞片，圆形或广卵形，白色或淡黄白色，花冠长漏斗状、金黄色，先端5裂。浆果椭圆形，熟时黑紫色。花期5～10月，果期9～12月。

1. 在绿地中
2. 列植路旁
3. 在水边丛植
4. 红纸扇
5. 白纸扇

虎刺梅

Euphorbia milii

大戟科大戟属

形态特征 常绿蔓生灌木。茎多分枝，长60～100cm，具纵棱，密生硬而尖的锥状刺，常呈3～5列排列于棱脊上，呈旋转。叶互生，通常集中于嫩枝上，倒卵形或长圆状匙形，全缘。花序2或8个组成二歧状复花序，生于枝上部叶腋；总苞钟状，边缘5裂，黄红色。蒴果三棱状卵形。花果期全年。

分布习性 原产于非洲马达加斯加，广泛栽培于旧大陆热带和温带；我国南北方均有栽培。性喜温暖、湿润和阳光充足的环境。稍耐阴，但怕高温，较耐旱，不耐寒。

繁殖栽培 常用扦插繁殖。

园林用途 叶面光亮，树形美观，可修剪成球状体，丛植或散植于亭前、道旁及公共绿地上。枝叶繁茂，常密植作刺篱。开花期长，红色苞片，鲜艳夺目，可盆栽观赏。

1. 丛植在花台中
2. 列植成花篱

黄　蝉

Allamanda neriifolia

夹竹桃科黄蝉属

形态特征　直立灌木，高 1～2m，具乳汁；枝条灰白色。叶 3～5 枚轮生，全缘，椭圆形或倒卵状长圆形，先端渐尖或急尖，基部楔形，叶面深绿色，叶背浅绿色。聚伞花序顶生；总花梗和花梗被秕糠状小柔毛；花橙黄色。种子扁平。花期 5～8 月，果期 10～12 月。

分布习性　原产于巴西；现广泛栽培于热带地区；我国广西、广东、福建、台湾及北京（温室内）的庭园均有栽培。性喜高温、多湿，阳光充足。适于肥沃、排水良好的土壤。

繁殖栽培　常用扦插繁殖。

园林用途　花色鲜黄，叶面光亮，可丛植或散植于池畔、亭前、道旁及公共绿地上。植株生长快，枝叶繁茂，在南方常密植作绿篱，具较好的景观效果。也可盆栽观赏。

同属植物

紫蝉 *Allamanda violacea*，花冠 5 裂，暗桃红色或淡紫红色。散植于池畔、亭前、道旁及公共绿地上。也可盆栽观赏。

软枝黄蝉 *Allamanda cathartica*，花冠橙黄色，大型，花冠筒喉部具白色斑点。可丛植或散植于池畔、亭前、道旁及公共绿地上。也可盆栽观赏。

‘小叶’软枝黄蝉 *Allamanda cathartica*‘Nanus’，叶片和花均比软枝黄蝉小。

<table>
<tr><td colspan="2">1</td><td>5</td><td rowspan="2">8</td></tr>
<tr><td>2</td><td>3</td><td>6</td></tr>
<tr><td colspan="2">4</td><td>7</td><td>9</td></tr>
</table>

1. 黄蝉列植公路旁形成花篱
2. 黄蝉
3. 紫蝉
4. 紫蝉丛植于水边
5. 软枝黄蝉植于花台
6. ‘小叶’软枝黄蝉
7. 软枝黄蝉
8. 硬枝黄蝉
9. 软枝黄蝉丛植于绿地

黄花夹竹桃

Thevetia peruviana

夹竹桃科黄花夹竹桃属

形态特征 常绿乔木（广东园林常作灌木栽培），高达5m，全株无毛；树皮棕褐色，皮孔明显；枝条柔软，小枝下垂。叶互生，近革质，无柄，线形或线状披针形，两端长尖，全缘。顶生聚伞花序，花萼绿色；花大，黄色，具香味。核果扁三角状球形。花期5～12月，果期8月～翌年春季。

分布习性 原产于南美洲、中美洲及印度，广泛栽植于热带及亚热带地区；我国华南有栽培，长江流域及其以北地区时见温室盆栽。喜光，喜高温多湿气候，耐半阴。

繁殖栽培 常用扦插、压条等法繁殖。

园林用途 叶面光亮，花朵鲜黄，可丛植或散植于池畔、亭前、道旁及公共绿地上。

同种品种 橙花夹竹桃 *Thevetia peruviana* 'Orange flower'，花橙红色。

	2
	3
1	4

1. 橙花夹竹桃
2. 在交通绿岛中
3. 丛植水边
4. 列植路边

鸡冠爵床

Odontonema strictum

爵床科鸡冠爵床属

形态特征 多年生常绿小灌木，丛生，株高60～120cm。茎枝自地下伸长，圆柱形，茎节肿大，自然分枝少。叶卵状披针形或卵圆状，叶面有波皱，对生，先端渐尖。穗状花序，花红色，花梗细长；花萼钟状，5裂；花冠长管形，二唇形。蒴果，背裂2瓣。花期9～12月。

分布习性 分布于我国南方；中美洲亦有分布。性喜高温多湿环境。

繁殖栽培 常用扦插繁殖。

园林用途 花叶美丽，可孤植于公共绿地及花坛中心；列植于道路中间隔离带；散植、对植于前庭、路口，或从植于草坪边缘。密植作绿篱。

1	
2	
3	4

1. 花序
2. 列植成花篱
3. 在花境中
4. 孤植路边

夹竹桃

Nerium indicum

夹竹桃科夹竹桃属

形态特征 常绿直立大灌木，高达5m。叶3～4枚轮生，枝下部为对生，窄披针形，顶端急尖，基部楔形，叶缘反卷，叶面深绿，叶背浅绿色（白色乳汁具毒性）。聚伞花序顶生，着花数朵；花芳香；花萼5深裂，红色；花冠深红色或粉红色。花期几乎全年，夏秋为最盛；果期一般在冬春季。

分布习性 分布于伊朗、印度、尼泊尔；现广植于世界热带地区；我国各地均有栽培，尤以南方为多。性喜光，喜温暖湿润气候，不耐寒。

繁殖栽培 常用扦插、压条繁殖。

园林用途 花色红艳，枝叶茂盛，可列植或散植于池畔、亭前、道旁及公共绿地上。在南方常密植作绿篱绿墙，具较好的景观效果。

同种品种 ‘白花’夹竹桃 *Nerium indicum* ‘Paihua’，花为白色。花期几乎全年。

‘粉色’夹竹桃 *Nerium indicum* ‘Light pink’，花为浅粉色。花期几乎全年。

	2	
	3	
1	4	5

1. 配植在建筑旁
2. ‘粉色’夹竹桃丛植在路边
3. ‘粉色’夹竹桃列植成花篱
4. ‘白花’夹竹桃
5. ‘粉色’夹竹桃

假鹰爪

Desmos chinensis

番荔枝科假鹰爪属

形态特征 攀援灌木。叶薄纸质或膜质，长圆形或椭圆形，少数为阔卵形。花黄白色，单朵与叶对生或互生。果有柄，念珠状；种子球状。花期夏至冬季，果期6月至翌年春季。

分布习性 分布于我国广东、广西、云南和贵州等地；印度、老挝、柬埔寨、越南、马来西亚、新加坡、菲律宾和印度尼西亚也有分布。适应性强，有较强的抗热性和耐寒性，萌芽力强。

繁殖栽培 常用播种繁殖。

园林用途 花黄醒目，枝叶繁茂，树形美观，可丛植或散植于池畔、亭前、道旁及公共绿地上。

1
2
3

1. 对植在园亭边
2. 在水边丛植
3. 花朵

九 里 香

Murraya exotica

芸香科九里香属

形态特征　常绿灌木，高可达 8m。枝白灰或淡黄灰色，但当年生枝绿色。叶有小叶 3～7 片，小叶倒卵形或倒卵状椭圆形，两侧常不对称。花序通常顶生，或顶生兼腋生，花多朵聚成伞状，为短缩的圆锥状聚伞花序；花白色，芳香。果橙黄至朱红色，阔卵形或椭圆形。花期 4～8 月，果期 9～12 月。

分布习性　原产我国台湾、福建、广东、海南、广西南部；亚洲其它一些热带及亚热带地区也有分布。性喜温暖，最适宜生长的温度为 20～32℃，不耐寒。

繁殖栽培　常用播种、压条和嫁接繁殖。

园林用途　可修剪成球状体，列植、丛植或散植于池畔、亭前、道旁及社区庭院；在南方常密植作绿篱，具较好的景观效果。树姿秀雅，枝干苍劲，四季常青，开花洁白而芳香，朱果耀目，是优良的盆景材料。也可盆栽观赏。

	2	4	
1	3	5	6

1. 花序
2. 盆景
3. 修剪成球形列植
4. 修剪做绿篱
5. 花期
6. 修剪造型，装饰建筑

金凤花

Caesalpinia pulcherrima

苏木科云实属

形态特征　灌木，高达 5m。枝绿或粉绿色，有疏刺。二回羽状复叶 4～8 对，对生，小叶 7～11 对，长椭圆形或倒卵形。总状花序顶生或腋生，花瓣圆形具柄，橙或黄色，花丝长。荚果黑色。花果期几乎全年。

分布习性　原产于西印度群岛；我国云南、广西、广东和台湾等地均有栽培。性喜高温高湿的气候环境，耐寒力较低。

繁殖栽培　常用播种繁殖。

园林用途　花形格外奇巧，花朵宛如飞凤，可丛植或散植于池畔、亭前、道旁及公共绿地上。

1	3	5
2	4	6

1. 植于路边遮挡不雅物体
2. 与其它植物配置丰富的景观
3. 片植景观
4. 在绿地中列植的景观
5. 黄色的金凤花
6. 花序

金英花

Thryallis glauca

金虎尾科金英属

形态特征　常绿灌木，高 1～2m；枝柔弱，淡褐色，嫩枝被褐色柔毛，老枝无毛。叶对生，长圆形或椭圆状长圆形。总状花序顶生，花序轴被红褐色柔毛；花瓣黄色，长圆状椭圆形。蒴果球形。花期 8～9 月，果期 10～11 月。

分布习性　原产美洲热带地区；我国广东、云南、广西等地有栽培。适应性强，有较强的抗热性和耐寒性，萌芽力强。

繁殖栽培　常用扦插繁殖。

园林用途　可丛植或散植于池畔、亭前、庭园旁及公共绿地上。也可盆栽观赏。

1. 花序
2. 丛植路边

可爱花

Eranthemum nervosum

爵床科喜花草属

形态特征 常绿灌木，高可达2m，枝四棱形。叶对生，叶片通常卵形，有时椭圆形，顶端渐尖或长渐尖。穗状花序顶生和腋生，具覆瓦状排列的苞片；苞片大，叶状，白绿色，倒卵形或椭圆形；花萼白色；花冠蓝色或白色，高脚碟状。蒴果。

分布习性 原产印度及热带喜马拉雅地区；我国广东、云南、台湾、福建、广西、贵州等地均有栽培。性喜温热及阳光直射环境，不耐寒。

繁殖栽培 常用扦插繁殖。

园林用途 宜散植或遍植于池畔、亭前、道旁及社区庭院；植于树下作地被，具较好的效果。也可盆栽观赏。

1	
2	
3	4

1. 片植绿地中
2. 片植林缘形成花带
3. 在林下作地被
4. 花序

簕杜鹃

Bougainvillea glabra

紫茉莉科叶子花属

形态特征 藤状灌木。其茎粗壮，枝下垂，无毛或疏生柔毛；刺腋生。叶片纸质，卵形或卵状披针形，顶端急尖或渐尖，基部圆形或宽楔形，上面无毛，下面被微柔毛。花顶生枝端的3个苞片内，花梗与苞片中脉贴生，每个苞片上生一朵花；苞片叶状，紫色或洋红色，长圆形或椭圆形，纸质。花期冬、春间（广州、海南、昆明），北方温室栽培 3 ～ 7 月开花。

分布习性 原产巴西、秘鲁、阿根廷等国家，为赞比亚共和国国花；我国也有分布栽培，且为珠海、深圳、厦门、三明、三亚、江门、梧州、柳州等城市市花，也是海南省省花。性喜温暖和光照充足，不耐寒，忌水涝。

繁殖栽培 主要采用扦插和高压繁殖。

园林用途 其苞片硕大，色彩鲜艳如花，且持续时间长，宜庭园种植。由于植株生长快，枝条萌发多，可密植作绿篱，或攀栏缠架。利用其枝叶的长短粗细、曲直顿挫、虚实疏密、强弱刚柔，塑造成各种风姿独特的动物形态，获得较好的观赏效果。也可盆栽摆设于客厅、阳台和入口处。

同种品种 ‘彩斑’叶子花 *Bougainvillea glabra* ‘Cooper’，其叶缘具黄白色的斑块，单瓣，花紫红色。‘重瓣’叶子花 *Bougainvillea glabra* ‘Repeat-petal’，重瓣，花呈紫红色。‘白花’叶子花 *Bougainvillea glabra* ‘Albus’，单瓣，花白色。

1	3	6
1	4	7
2	5	8

1. 花叶簕杜鹃
2. 色彩丰富的簕杜鹃
3. ‘彩斑’叶子花在阶旁点缀
4. ‘彩斑’叶子花
5. 列植在花池中
6. 黄叶叶子花
7. 各色叶子花花团锦簇
8. 花叶簕杜鹃修剪成盆景造型

蓝 花 丹

Plumbago auriculata

蓝雪花科蓝雪花属

形态特征　常绿半灌木，上端蔓状或极开散，高约1m或更长。叶薄，通常菱状卵形至狭长卵形，先端骤尖而有小短尖，罕钝或微凹，基部楔形，向下渐狭成柄，上部叶的叶柄基部常有小型半圆至长圆形的耳。穗状花序约含18～30枚花；花冠淡蓝色至蓝白色，雄蕊略露于喉部之外，花药长，蓝色；果实未见。花期6～9月和12月～翌年4月。

分布习性　原产南非南部；我国华南、华东、西南和北京常有栽培。性喜肥水、耐荫蔽，适合于红壤、腐殖土。

繁殖栽培　常用扦插繁殖。

园林用途　花色轻淡、雅致，宜丛植或散植于池畔、亭前、道旁及社区庭院。在华南园林中常缘栽作花坛和花境，具较好的景观效果。植于树下作地被，具较好的效果。也可盆栽观赏。

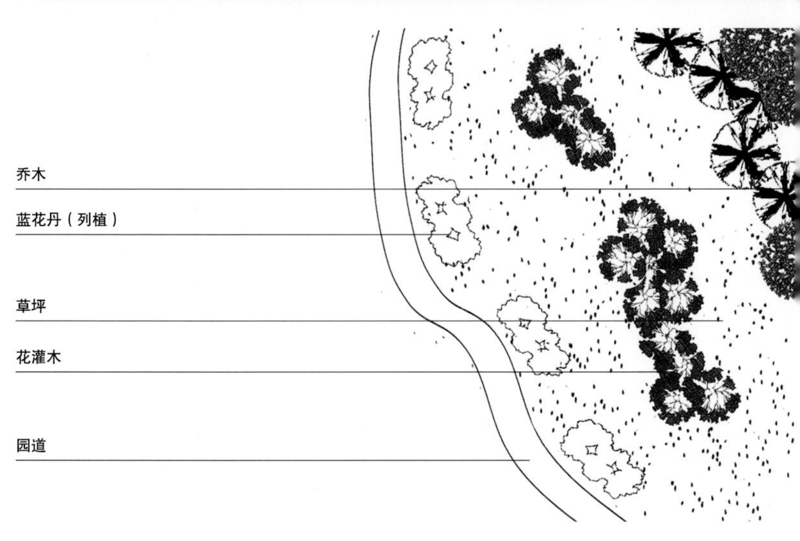

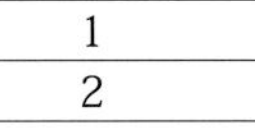

1. 点缀在路边草丛中
2. 花序

裂叶日日樱

Jatropha integerrima

大戟科麻疯树属

形态特征　常绿灌木，株高 1 ～ 2m。叶纸质，互生，掌状叶，裂成 3 片，3 出脉；叶柄长。聚伞花序，花瓣 5 片，花冠红色；且为单性花，雌雄同株，自着生于不同的花序上。蒴果成熟时呈黑褐色。

分布习性　原产于西印度群岛；广东、云南、台湾、福建、广西等地均有栽培。喜高温高湿环境，怕寒冷与干燥；喜充足的光照，稍耐半阴。

繁殖栽培　常用扦插和嫁接繁殖。

园林用途　花朵鲜艳夺目，且花期长，列植或散植于池畔、亭前、道旁及社区庭院。可遍植于疏林下作地被。也可盆栽观赏。

1. 片植坡地
2. 花序
3. 组成花篱

龙船花

Ixora chinensis

茜草科龙船花属

形态特征 常绿灌木，高 0.8～2m，无毛；小枝初时深褐色，有光泽，老时呈灰色，具线条。叶对生，有时由于节间距离极短几成 4 枚轮生，披针形、长圆状披针形至长圆状倒披针形。花序顶生，多花，具短总花梗。果近球形，双生，成熟时红黑色。花期 5～7 月。

分布习性 原产我国南部地区及缅甸和马来西亚；在 17 世纪末被引种到英国，后传入欧洲各国。性喜湿润炎热的气候，不耐低温。

繁殖栽培 常用播种、压条、扦插繁殖。

园林用途 叶面光亮，花色艳丽，可丛植或散植于池畔、亭前、道旁及社区庭院。常应用于花坛花境。在南方常密植作花篱，具较好的景观效果。也可盆栽观赏。

同属植物 ‘小叶’龙船花 *Ixora coccinea* ‘Xiaoye’，叶面光亮，花色艳丽，可丛植或散植于池畔、亭前、道旁及社区庭院。常应用于花坛花境。在南方常密植作花篱，具较好的景观效果。也可盆栽观赏。本种变种‘大黄’龙船花 *Ixora coccinea* ‘Gillettes Yellow’，花黄色。

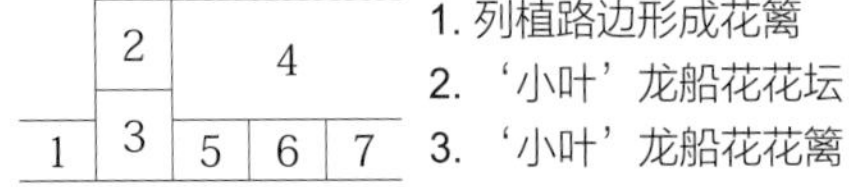

1. 列植路边形成花篱
2. ‘小叶’龙船花花坛
3. ‘小叶’龙船花花篱
4. 各色龙船花片植
5. 龙船花花序
6. ‘大黄’龙船花
7. ‘小叶’龙船花

马 利 筋

Asclepias curassavica

萝藦科马利筋属

形态特征 常绿半灌木，株高达 80cm，全株有白色乳汁；茎淡灰色，无毛或有微毛。叶膜质，披针形至椭圆状披针形。聚伞花序顶生或腋生，着花 10 ～ 20 朵；花萼裂片披针形，被柔毛；花冠紫红色，裂片长圆形；副花冠生于合蕊冠上，5 裂，黄色。种子卵圆形。花期几乎全年，果期 8 ～ 12 月。

分布习性 原产于西印度群岛；我国广东、广西、云南、贵州、四川、湖南、江西、福建、台湾等地均有栽培。性喜温暖气候，不耐霜冻；要求土壤湿润肥沃，不耐干旱。

繁殖栽培 主要采用扦插繁殖。

园林用途 花期长，花色艳，可植于花坛花境，获得较好的观赏效果。可盆栽观赏，也能用于切花。

1
2
3

1. 花序
2. 盆栽观赏
3. 片植景观

马 缨 丹

Lantana camara

马鞭草科马缨丹属

形态特征 常绿灌木，高 1 ~ 2m，有时枝条生长呈藤状。单叶对生，卵形或卵状长圆形。头状花序腋生于枝梢上部，每个花序 20 多朵花，花冠筒细长，顶端多 5 裂，状似 梅花；花冠颜色多变，黄色、橙黄色、粉红色、深红色。花期较长。

分布习性 分布于美洲热带；我国广东、海南、福建、台湾、广西等地有栽培。性喜高温高湿，也耐干热，抗寒力差，耐旱、耐水湿。

繁殖栽培 常用扦插繁殖。

园林用途 花色美丽，观花期长，绿树繁花，常年艳丽，可片植于池畔、亭前、道旁及公共绿地上。在南方常密植作花篱，具较好的景观效果。也可作地被。也可盆栽观赏。

1	
2	
3	4

1. 列植成花墙
2. 散植于林下
3. 粉红色花的马缨丹花篱
4. 花序

米 兰

Aglaia odorata

楝科米兰属

形态特征 常绿灌木；茎多小枝，幼枝顶部被星状锈色的鳞片。小叶对生，厚纸质，有小叶 3～5 片。圆锥花序腋生，花芳香，黄色，长圆形或近圆形。果为浆果，卵形或近球形。花期 5～12 月，果期 7 月至翌年 3 月。

分布习性 分布于我国广东、广西；福建、四川、贵州和云南等地常有栽培；东南亚各国也有分布。性喜温暖、湿润的气候，怕寒冷。

繁殖栽培 常用扦插繁殖。

园林用途 叶面光亮，树形美观，醇香诱人，可修剪成球状体，丛植或散植于池畔、亭前、道旁及公共绿地上。植株生长快，枝叶繁茂，在南方常密植作绿篱，具较好的景观效果。也可作地被。也可盆栽观赏，或布置会场。

<table>
<tr><td>1</td><td>2</td><td>3</td></tr>
<tr><td rowspan="2">4</td><td>5</td><td>6</td></tr>
<tr><td>7</td><td>8</td></tr>
</table>

1. 米兰修剪成绿篱
2～6. 米兰在园林中应用的各种形式
7. 枝叶
8. 孤植在林地中

茉莉花

Jasminum sambac

木犀科素馨属

形态特征 常绿直立或攀援灌木，高达3m。小枝圆柱形或稍压扁状，有时中空，疏被柔毛。叶对生，单叶，叶片纸质，圆形、椭圆形、卵状椭圆形或倒卵形。聚伞花序顶生，通常有花3朵，有时单花或多达5朵；花冠白色。果球形。花期5～8月，果期7～9月。

分布习性 原产于印度；我国南方和世界各地广泛栽培。性喜温暖湿润，在通风良好、半阴的环境生长最好。

繁殖栽培 常用扦插繁殖。

园林用途 叶色翠绿，花色洁白，香味浓厚，散植于池畔、亭前及社区庭院。

可盆栽摆设于客厅。

	2
	3
1	4

1. 茉莉花
2. 列植花池中
3. 片植绿地中
4. 盆栽

琴叶珊瑚

Jatropha integerrima

大戟科麻疯树属

形态特征 常绿灌木，株高1～2m。叶纸质，互生，叶形多样，卵形、倒卵形、长圆形或提琴形，顶端急尖或渐尖，基部钝圆，常丛生于枝条顶端；叶基有2～3对锐刺，叶端渐尖，叶面为浓绿色，叶背为紫绿色。聚伞花序，花瓣5片，花冠红色，似樱花；且为单性花，雌雄同株，自着生于不同的花序上。蒴果成熟时呈黑褐色。

分布习性 原产于西印度群岛；广东、云南、台湾、福建、广西等地均有栽培。喜高温高湿环境，怕寒冷与干燥，越冬要保持在12℃以上。喜充足的光照，稍耐半阴；喜生长于疏松肥沃、富含有机质的酸性砂质土壤中。

繁殖栽培 常用扦插和嫁接繁殖。扦插除冬季以外均可进行，但以梅雨季节成活率高。

园林用途 花朵鲜艳夺目，且花期长，列植或散植于池畔、亭前、道旁及社区庭院。也可盆栽观赏。

同种品种 ‘粉红’琴叶珊瑚 *Jatropha integerrima* ‘Pink’，聚伞花序，花瓣5片，花冠淡粉红色。

1	
2	
3	4

1. 在公园中的景观
2. 配植在景石旁
3. ‘粉红’琴叶珊瑚
4. 琴叶珊瑚花序

沙漠玫瑰

Adenium obesum

夹竹桃科沙漠玫瑰属

形态特征 肉质灌木，植株高达4.5m；树干肿胀。单叶互生，集生于其枝端，倒卵形至椭圆形，长达15cm，全缘，先端钝而具短尖，肉质，近无柄。顶生伞形花序，花冠漏斗状，外面有短柔毛，5裂，径约5cm，外缘红色至粉红色，中部色浅，裂片边缘波状。

分布习性 原产于东非至阿拉伯半岛南部，突尼斯、阿尔及利亚、摩洛哥等国家也有分布；我国有引种栽培。性喜高温干燥和阳光充足的环境，耐酷暑，不耐寒。

繁殖栽培 常用扦插、嫁接和压条繁殖；也可播种。

园林用途 植株矮小，根茎肥大如酒瓶状。花开鲜红妍丽，形似喇叭，极为别致，深受人们喜爱。华南各地常地栽布置庭院，古朴端庄，自然大方。也可盆栽观赏，装饰室内阳台别具一格。

	2
	3
1	4

1. 制作盆景
2. 花枝
3. 重瓣花沙漠玫瑰
4. 盆栽列植也成景

山 茶

Camellia japonica

山茶科山茶属

形态特征 灌木，高 9m，嫩枝无毛。叶革质，椭圆形，先端略尖，或急短尖而有钝尖头，基部阔楔形，上面深绿色，干后发亮，无毛，下面浅绿色。花顶生，无柄；花色艳丽多彩，花型秀美多样，花姿优雅多态，气味芬芳袭人，品种繁多，花大多数为红色或淡红色，亦有白色，多为重瓣。花期 1～4 月。一般从 10 月份始花，翌年 5 月份终花，盛花期 1～3 月。

分布习性 原产我国西南，主要分布于长江、珠江流域、云南；朝鲜、日本、印度有分布。性惧风，喜阳、地势高爽、空气流通、温暖湿润，喜排水良好、疏松肥沃的砂质壤土、黄土或腐殖土。

栽培繁殖 有性繁殖和无性繁殖均可采用，其中扦插和靠接法使用最普遍。

园林用途 四季常绿，树姿优美，三五成群，高低错落，成丛成片，以此突出景观效果；也可孤植于绿地中，尤以草坪绿茵相衬为上；用矮生山茶老桩，通常以茶梅为多，按照盆景造型方法，配以水石，可爱别致；用于插花和切花的好材料，其花期较长，花色、花形丰富，叶色浓绿光洁，具较好的效果。

1
2
3

1. 山茶花
2. 与景石相配
3. 片植于坡地

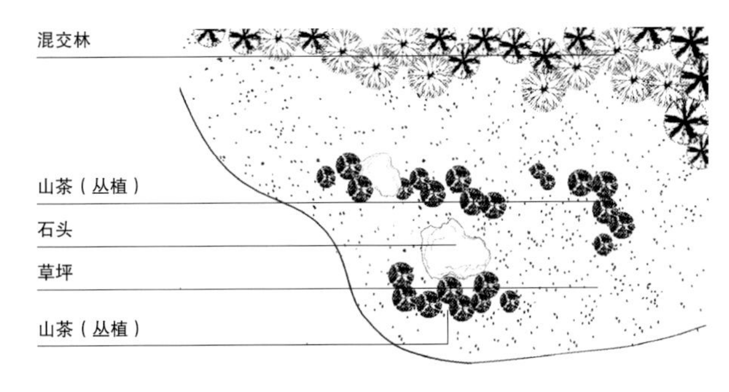

丝　兰

Yucca smalliana

龙舌兰科丝兰属

形态特征　常绿灌木，茎短。叶基部簇生，呈螺旋状排列，叶片坚厚，顶端具硬尖刺，叶面有皱纹，浓绿色而被少量白粉，坚直斜伸，叶缘光滑。圆锥花序，花杯形，下垂，白色，外缘绿白色略带红晕。蒴果长圆状卵形。夏秋间开花。

分布习性　分布于北美洲，现温暖地区广泛露地栽培；我国广东、云南、台湾、福建、广西均有栽培。性喜阳光充足及通风良好的环境，极耐寒冷，抗旱能力特强。

繁殖栽培　常用扦插或采摘花穗上的芽体繁殖。

园林用途　树姿刚健，挺秀美观，散植或群植于池畔、亭前、道旁。也可盆栽观赏。

同属植物　象脚丝兰 *Yucca elephantipes*，茎干粗壮、直立，褐色，有明显的叶痕，茎基部可膨大为近球状。树姿刚健，挺秀美观，列植于池畔、亭前、道旁具较好的景观效果；也可盆栽摆设于客厅儿案、茶几、窗台观赏，典雅别致。

1. 绿地中的丝兰总是引人注目
2. 象角丝兰

台湾酸脚杆

Medinilla formosana

野牡丹科酸脚杆属

形态特征 攀援灌木，小枝钝四棱形。叶对生或轮生，叶片纸质，长圆状倒卵形或倒卵状披针形，顶端骤然尾状渐尖，具钝头，基部楔形，全缘。由聚伞花序组成圆锥花序，顶生或近顶生。浆果近球形。

分布习性 分布于我国云南、西藏、广西、广东及台湾南端及岛屿；非洲热带、马达加斯加、印度至太平洋诸岛及澳大利亚北部亦有分布。性喜高温多湿环境。

繁殖栽培 常用扦插繁殖。

园林用途 散植于池畔、亭前及社区庭院；也可盆栽观赏。

同属植物 宝莲花 *Medinilla magnifica*, 株形优美，叶大粗犷，花序下垂，可丛植或散植于池畔、亭前及公共绿地上。其花、叶、果观赏效果俱佳，宜作大、中型盆栽观赏，且适合宾馆、厅堂、商场橱窗、别墅客厅中摆设。

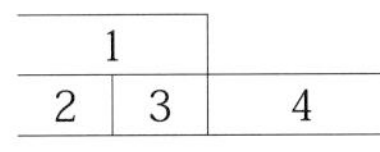

1. 配植园亭边
2. 台湾酸脚杆
3. 宝莲花
4. 婀娜的身姿

希茉莉

Hamelia patens

茜草科长隔木属

形态特征 常绿灌木，植株高 2 ～ 3m，分枝能力强，树冠广圆形；茎粗壮，红色至黑褐色。叶 4 枚轮生，长披针形，纸质，腹面深绿色，背面灰绿色，叶面较粗糙，全缘；幼枝、幼叶及花梗被短柔毛，淡紫红色。聚伞圆锥花序，顶生，橘红色。花期几乎全年，或花期 5 ～ 10 月。

分布习性 主要分布于热带美洲；我国广东、云南、台湾、福建、广西、四川等地均有栽培。性喜高温、高湿、阳光充足的气候条件，喜土层深厚、肥沃的酸性土壤，耐荫蔽，耐干旱，忌瘠薄，畏寒冷。

繁殖栽培 常用扦插繁殖。

园林用途 树冠优美，花、叶俱佳，可散植于池畔、亭前、道旁及社区庭院。也可盆栽观赏。

	2
	3
1	4

1. 花序
2. 花枝密集
3. 公园中片植景观
4. 列植成花墙

细叶萼距花

Cuphea hyssopifolia

千屈菜科萼距花属

形态特征 常绿小灌木。植株矮小，茎直立，分枝特别多而细密。对生叶小，线状披针形，翠绿。花单生叶腋，花萼延伸为花冠状，高脚碟状，具5齿，齿间具退化的花瓣，花紫色、淡紫色或白色。花后结实似雪茄，形小呈绿色。

分布习性 分布于墨西哥和中南美洲；我国南方各地有栽培。性喜光，也能耐半阴，耐热、喜高温，不耐寒。

繁殖栽培 常用扦插、播种繁殖。

园林用途 花叶繁茂，在园林中常作花坛，具较好的景观效果。可植于树坛作地被。因植株枝叶繁茂，在花坛、花径两侧作绿篱。也可盆栽观赏。

1. 质感细腻的细叶萼距花
2. 在花坛中
3. 片植作地被

悬铃花

Malvaviscus arboreus

锦葵科悬铃花属

形态特征 常绿灌木，高达2m，小枝被长柔毛。叶卵状披针形，先端长尖，基部广楔形至近圆形。花单生于叶腋；小苞片匙形，基部合生；萼钟状，裂片5枚，较小苞片略长，被长硬毛；花红色，下垂，筒状，仅于上部略开展。果未见。

分布习性 分布于墨西哥和哥伦比亚；我国广东、云南等地引种栽培。性喜高温多湿和阳光充足环境，耐热、耐旱、耐瘠，不耐寒霜，稍耐阴，忌涝，生长快速。

繁殖栽培 主要以扦插繁殖，也可嫁接或高压法。

园林用途 花朵鲜红奇特，全年开花不断，适合于庭园、绿地、行道树的配植，也可列植为花境、花篱或自然式种植。

同种品种 ‘宫粉’悬铃花 *Malvaviscus arboreus* ‘Purpure’，花粉红。

<table>
<tr><td>1</td><td>4</td><td>5</td></tr>
<tr><td>2</td><td colspan="2" rowspan="2">6</td></tr>
<tr><td>3</td></tr>
</table>

1. 列植作绿地镶边
2. 悬铃花
3. ‘宫粉’悬铃花
4. 列植成花篱
5. 点缀在水边
6. 富有层次的景观配置

虾衣花

Calliaspidia guttata

爵床科爵床属

形态特征 常绿亚灌木，高 20～50cm；茎圆柱状，被短硬毛。叶卵形，全缘。穗状花序紧密，稍弯垂，苞片砖红色，被短柔毛；萼白色，花冠白色，在喉凸上有红色斑点，伸出苞片之外，冠檐深裂至中部。蒴果未见。

分布习性 原产于美洲热带地区；我国华东、广东、云南、台湾、福建、广西、四川等地均有栽培。性喜高温高湿和阳光充足的环境，比较耐阴，适宜生长于温度为 16～28℃的环境。

繁殖栽培 可用扦插繁殖。

园林用途 常年开花，苞片宿存，重叠成串，似龙虾，奇特有趣，可丛植于池畔、亭前、草坪处，均具良好的景观效果。花苞金黄，花期持久，花叶俱美，株丛整齐，可布置花坛和花境，景观效果良好。也可盆栽适作会场、厅堂、居室及阳台装饰。

同种品种 金苞花 *Calliaspidia guttata* ‘Yellow’，宿存萼片呈黄色。

	2
	3
1	4

1. 金苞花
2. 片植绿地中
3. 金苞花与其它植物配植
4. 群植在绿地中引人注目

烟火树

Clerodendrum quadriloculare

马鞭草科大青属

形态特征 常绿灌木。幼枝方形，墨绿色。叶对生，长椭圆形，先端尖，全缘或锯齿状或波状缘，叶背暗紫红色。聚伞花序顶生，小花多数，白色5裂，外卷成半圆形。果实椭圆形 。

分布习性 原产菲律宾及太平洋群岛等地，我国也有零星分布。性喜温暖湿润的气候，不耐寒，稍耐干旱与瘠薄。

繁殖栽培 常用扦插和嫁接繁殖。

园林用途 花形奇特，十分美丽，散植于池畔、亭前、道旁，具较好的效果。

也可盆栽观赏。

<table>
<tr><td rowspan="2">1</td><td>2</td></tr>
<tr><td>3</td></tr>
<tr><td colspan="2">4</td></tr>
<tr><td colspan="2">5</td></tr>
</table>

1. 在园地边角丛植
2. 花序
3. 紫红色的叶背
4. 列植树坛中
5. 孤植林地中，亭亭玉立

夜香树

Cestrum nocturnum

茄科夜香树属

形态特征 直立或近攀援状灌木，高2～3m，全体无毛；枝条细长而下垂。叶有短柄，叶片矩圆状卵形或矩圆状披针形，全缘。伞房式聚伞花序，腋生或顶生，疏散，有极多花；花绿白色至黄绿色，晚间极香。浆果矩圆状。

分布习性 原产南美：现广植于热带及亚热带地区，我国南方常见栽培，北方有盆栽。性喜温暖湿润及阳光充足环境，稍耐阴，不耐严重霜冻，最好在5℃以上越冬。

繁殖栽培 常用扦插繁殖。

园林用途 枝俯垂，花期长且繁茂，夜间芳香，果期长。可丛植或散植于天井、窗前、墙根、草坪和亭畔等处。也可盆栽观赏。

1
2
3

1. 盆栽
2. 花序
3. 在绿地中的景观

一品红

Euphorbia pulcherrima

大戟科大戟属

形态特征 灌木。根圆柱状，极多分枝。茎直立，高 1～3(4)m，无毛。叶互生，卵状椭圆形、长椭圆形或披针形，先端渐尖或急尖，基部楔形或渐狭，绿色，边缘全缘或浅裂或波状浅裂；苞叶 5～7 枚，狭椭圆形，通常全缘，极少边缘浅波状分裂，朱红色。花序数个聚伞排列于枝顶；总苞坛状，淡绿色，边缘齿状 5 裂，裂片三角形，无毛。蒴果，三棱状圆形。花果期 10 月至翌年 4 月。

分布习性 原产墨西哥，广泛栽培于热带和亚热带；我国绝大部分地区均有栽培。性喜阳光、温暖湿润的环境。

繁殖栽培 常用扦插、压条繁殖。

园林用途 可散植于池畔、亭前及公共绿地上。可露地栽培作花坛花境。也可盆栽观赏。适宜布置会议室等公共场所或节假日增加喜庆气氛。

1	
2	
3	4

1. 组成花坛
2. 是花坛中红色的主要素材
3. 盆栽装饰室内环境
4. 鲜艳的苞叶

银叶郎德木

Rondeletia leucophylla

茜草科郎德木属

形态特征 常绿灌木，植株高 1～1.5m，枝条较披散，茎深褐色至黑褐色，嫩枝被褐色柔毛。叶对生，少有轮生，披针形，有时 3 枚轮生，厚革质，有光泽，表面墨绿色，背面绿色，托叶阔，在叶柄间，叶缘常反卷，质脆。伞形花序，花生于枝端，花冠高脚碟状，橙红色，芳香。花期 7～10 月。

分布习性 分布于古巴、巴拿马至加勒比海地区；我国广东各地均有栽培。喜温暖、湿润、阳光充足的气候条件，生长适温 20～28℃，但冬季不能低于 10℃。喜酸性、富含有机质、疏松、肥沃的壤土，耐干旱，忌荫蔽，忌涝，畏寒冷。

繁殖栽培 常用扦插繁殖。

园林用途 终年常绿，枝叶扶疏、披散，花团锦簇，花期长，散植于池畔、亭前、道旁；植株生长快，枝条萌发多，在南方常密植作绿篱；花橙色、艳丽，极富异国情调，主要用于布置花池、墙隅，具较好的效果。

1
2
3

1. 丛植路边
2. 在绿地中的景观
3. 花枝

硬枝老鸦嘴

Thunbergia erecta

爵床科山牵牛属

形态特征 常绿灌木，植株高 2～3m，分枝多，枝条较柔软。幼茎四棱形，绿色至深褐色。叶具短柄，对生，卵形至椭圆状，先端渐尖，纸质，腹面深绿色，背面灰绿色，全缘。花单生于叶腋，蓝紫色，喉管部为杏黄色。蒴果圆锥形。花期 1～3 月，8～11 月。

分布习性 原产热带，亚洲热带至马达加斯加、非洲南部；我国广东、云南、广西、福建等地有栽培。性喜高温高湿，阳光充足，较耐阴，耐旱，喜大水。

繁殖栽培 常用扦插繁殖。

园林用途 枝叶繁茂，花形奇特，且耐修剪，花期又长，花色醒目，适合植于亭前及庭院。植株生长快，分枝多，枝条柔软，可密植作花篱，具较好的景观效果。也可盆栽观赏。

1. 花与叶
2. 浓密的花篱
3. 列植装饰墙垣

鸳鸯茉莉

Brunfelsia latifolia

茄科鸳鸯茉莉属

形态特征 多年生常绿灌木，植株高 70 ～ 150cm，盆栽经矮化后，株高可降低到 30 ～ 60cm。茎皮呈深褐色或灰白色，分枝力强，周皮纵裂。单叶互生，长披针形或椭圆形，纸质，腹面绿色，背面黄绿色，叶缘略波皱。花单朵或数朵簇生，有时数朵组成聚伞花序；花冠成高脚碟状，有浅裂；花初含苞待放时为蘑菇状、深紫色，初开时蓝紫色，以后渐成淡雪青色，最后变成白色，单花可开放 3 ～ 5 天。花香浓郁。

分布习性 原产于中美洲及南美洲热带；我国各地均有栽培。性喜温暖、湿润、光照充足的气候条件。其耐寒性不强，生长适温 18 ～ 30℃，不宜低于 10℃；喜半阴。

繁殖栽培 常用播种、扦插和压条繁殖。

园林用途 花朵鲜艳夺目，散植于池畔、亭前、道旁。布置花坛花境，具较好的景观效果。可盆栽摆设于会场和入口处。

同属植物 大花鸳鸯茉莉 *Brunfelsia calycina*，在同一植株上能同时见到蓝色和白色的花。清爽素雅，可丛植或散植于池畔、亭前、道旁及社区庭院；也可盆栽观赏。

<table>
<tr><td>1</td><td>2</td><td>4</td></tr>
<tr><td colspan="2" rowspan="2">3</td><td>5</td></tr>
<tr><td>6</td></tr>
</table>

1. 花丛
2. 点缀水池旁
3. 列植路边
4. 大花鸳鸯茉莉点缀在园路旁
5. 蓝白相间的花丛清新悦目
6. 大花鸳鸯茉莉

栀子花

Gardenia jasminoides

茜草科栀子花属

形态特征 常绿灌木，株高 0.3～3m。叶对生，或为 3 枚轮生，革质，稀为纸质，叶形多样，通常为长圆状披针形、倒卵状长圆形、倒卵形或椭圆形，上面亮绿，下面色较暗。花芳香，通常单朵生于枝顶；花冠白色或乳黄色，高脚碟状，喉部有疏柔毛，冠管狭圆筒形。果卵形、近球形、椭圆形或长圆形，黄色或橙红色。花期 3～7 月，果期 5 月至翌年 2 月。

分布习性 分布于山东、河南、江苏、安徽、浙江、江西、福建、台湾、湖北、湖南、广东、香港、广西、海南、四川、贵州、云南、河北、陕西和甘肃等地；日本、朝鲜、越南、老挝、柬埔寨、印度、尼泊尔、巴基斯坦、太平洋岛屿和美洲北部也有分布。性喜温暖湿润气候。

繁殖栽培 常用播种、扦插繁殖。

园林用途 叶面光亮，花白芳香，可片植、列植或丛植于池畔、亭前、道旁及公共绿地上。植株生长快，枝叶繁茂，在南方常密植作绿篱。也可作地被。也可盆栽观赏。

同属植物 长花黄栀子 *Gardenia gjellerupii*，原产新几内亚岛；我国广东、云南等地有栽培。树形优美，花黄耀眼，香气袭人，散植于池畔、亭前、道旁或社区庭院。也可盆栽观赏。

<table>
<tr><td>1</td><td>4</td><td>5</td></tr>
<tr><td>2</td><td colspan="2" rowspan="2">6</td></tr>
<tr><td>3</td></tr>
</table>

1. 盆栽
2. 在路边丛植
3. 片植景观
4. 栀子花
5. 长花黄栀子
6. 长花黄栀子散植在绿地中

圆锥大青

Clerodendrum paniculatum

马鞭草科大青属

形态特征 灌木，高约1m；小枝四棱形。叶片宽卵形或宽卵状圆形，顶端渐尖，基部心形或肾形，近于戟状，边缘3～7浅裂呈角状。聚伞花序组成顶生的塔形圆锥花序；花冠红色。果实球形。花果期4月至翌年2月。

分布习性 分布于我国福建、台湾、广东等地；孟加拉国、缅甸、泰国、马来西亚、老挝、越南、柬埔寨、印度尼西亚有分布。其性喜高温、湿润、半荫蔽的气候环境。

繁殖栽培 采用播种和扦插繁殖。

园林用途 可丛植或散植于池畔、亭前、道旁及公共绿地上。也可作地被。也可盆栽观赏。

	2
1	3

1. 叶片
2. 孤植绿地中
3. 群植的景观

朱 槿

Hibiscus rosa-sinensis

锦葵科木槿属

形态特征 常绿灌木，高1～3m；小枝圆柱形，疏被星状柔毛。叶阔卵形或狭卵形，先端渐尖，基部圆形或楔形，边缘具粗齿或缺刻，两面除背面沿脉上有少许疏毛外均无毛；托叶线形，被毛。花单生于上部叶腋间，常下垂，近端有节；小苞片线形，疏被星状柔毛，基部合生；花冠漏斗形，玫瑰红色或淡红、淡黄等色，花瓣倒卵形，先端圆，外面疏被柔毛；雄蕊柱长，平滑无毛。蒴果卵形，有喙。花期全年。

分布习性 分布于广东、云南、台湾、福建、广西、四川等地；东南亚、美国东南部、夏威夷岛均有栽培。喜温暖湿润气候，宜阳光充足，也稍耐阴，耐干旱，耐湿，耐瘠薄土壤，抗寒性较强。

繁殖栽培 常用扦插和嫁接繁殖。

园林用途 花朵鲜艳夺目，姹紫嫣红，散植于池畔、亭前、道旁。植株生长快，枝条萌发多，在南方常密植作绿篱，可遮掩生硬的石墙，具较好的景观效果；利用生长缓慢的彩叶朱槿作地被，具较好的效果。也可盆栽摆设于客厅和入口处。

同种品种 彩叶朱槿 *Hibiscus rosa-sinensis* 'Cooper'，叶具黄、白、红及粉红等，单瓣，花红色。'重瓣'朱槿 *Hibiscus rosa-sinensis* 'Rubro-plenus'，重瓣，花红色。'桃红'朱槿 *Hibiscus rosa-sinensis* 'Kermosino-plenus'，重瓣，花呈桃红色。'丹心'黄朱槿，*Hibiscus rosa-sinensis* 'Crinkle Rainbow'，单瓣，花呈黄色，中央红色，雄蕊柱白色。'锦球'朱槿 *Hibiscus rosa-sinensis* 'Kapiolani'，重瓣，花呈橙黄色。'白花'朱槿 *Hibiscus rosa-sinensis* 'Albus'，单瓣，花瓣及雄蕊柱均呈白色。'黄花'朱槿 *Hibiscus rosa-sinensis* 'Toreador'，重瓣，花瓣黄色。杂交朱槿 *Hibiscus hybridus*，重瓣，花瓣呈黄、白、红色相间。

1
2
3

1. 密植成花墙
2. 点缀在草地上
3. 装饰岩石园

1	2	4
3		5

1. 列植似行道树
2. 在居住区绿地中
3. 彩叶朱槿树球
4. 彩叶朱槿花篱
5. ‘桃红’朱槿列植成花带

1	2	3
4	5	6
	7	8

1.‘重瓣’朱槿
2.‘锦球’朱槿
3.‘黄花’朱槿
4.‘丹心’朱槿
5.‘白花’朱槿
6. 杂交朱槿
7. 朱槿
8.‘桃红’朱槿

6 第六章 赏叶灌木

八角金盘

Fatsia japonica

五加科八角金盘属

形态特征 常绿灌木，高可达5m。茎光滑无刺。叶片大，革质，近圆形，掌状7～9深裂，裂片长椭圆状卵形，先端短渐尖，基部心形，边缘有疏离粗锯齿。伞形花序组成圆锥花序，顶生；花序轴被褐色茸毛。果实近球形。花期10～11月，果熟期翌年4月。

分布习性 原产于日本南部；我国华北、华东及云南、广东、广西等地均有栽培。性喜温暖湿润的气候，耐阴，不耐干旱，有一定耐寒力。

繁殖栽培 常用扦插、播种和分株繁殖。

园林用途 可丛植或散植于池畔、亭前、道旁、公共绿地及社区庭院。也可作地被。四季常青，叶片硕大；叶形优美，浓绿光亮，是深受欢迎的室内观叶植物。适合盆栽观赏，摆设于室内弱光环境，如宾馆、饭店、写字楼等处，效果较好。

1
2
3

1. 掌状叶和花序
2. 列植墙垣
3. 片植林下

白雪木

Euphorbia leucocephala

大戟科大戟属

形态特征 常绿小灌木，株高 1 ～ 3m；具白色乳汁。叶披针状卵形，先端突尖，全缘。伞形花序，总苞片白色；小花白色，花期秋季至冬季。

分布习性 原产墨西哥；我国广东、云南、台湾、福建、广西等地均有栽培。对土壤要求不严，喜排水良好、阳光充足的环境。

繁殖栽培 常用扦插繁殖。

园林用途 株形美观、枝条纤柔、叶色淡绿，散植于池畔、亭前、道旁及社区庭院。也可盆栽观赏。

1	
2	
3	4

1. 白叶如雪
2. 花期景观
3. 与其它植物配置，丰富色彩
4. 点缀池边，组成精致的小景

百合竹

Dracaena reflexa

百合科龙血树属

形态特征 多年生常绿灌木。叶线形或披针形，全缘，浓绿有光泽，松散成簇。花序单生或分枝，常反折，花白色，为雌雄异株。其斑叶品种金边百合竹也见于栽培，叶缘有金黄色纵条纹；金心百合竹，叶缘绿色，中央呈金黄色。

分布习性 原产马达加斯加；我国南方各地也有栽培。性喜高温多湿，生长适温 20 ～ 28℃，耐旱也耐湿，温度高则生长旺盛，冬季干冷易引起叶尖干枯。宜半阴，忌强烈阳光直射，越冬要求 12℃以上。

栽培繁殖 可用播种法或扦插法，大量繁殖可用播种法，春至夏季为播种适期，发芽及发根适温为 20 ～ 25℃。

园林用途 现作观叶植物广泛栽培，散植于亭前、庭院一隅。其叶色殊雅，潇洒飘逸，耐阴性好，非常适合室内观赏，还可水培欣赏。

同种品种 黄边百合竹 *Dracaena reflexa* 'Song of Jamaica'，多年生常绿灌木。叶剑状披针形，无柄，丛生于茎端，革质. 叶缘乳黄色至金黄色。

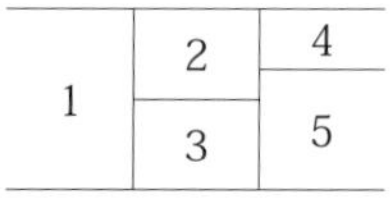

<table>
<tr><td rowspan="2">1</td><td>2</td><td>4</td></tr>
<tr><td>3</td><td>5</td></tr>
</table>

1. 黄边百合竹点缀大门
2. 黄边百合竹装饰建筑角隅
3. 黄金百合竹叶丛
4. 百合竹片植
5. 盆栽

变叶木

Codiaeum variegatum

大戟科变叶木属

形态特征 常绿灌木，株高可达2m。枝条无毛，有明显叶痕。叶薄革质，形状大小变异很大，线形、线状披针形、长圆形、椭圆形、披针形、卵形、匙形、提琴形至倒卵形，有时由长的中脉把叶片间断成上下两片；顶端短尖、渐尖至圆钝，基部楔形、短尖至钝，边全缘、浅裂至深裂，两面无毛，绿色、淡绿色、紫红色、紫红与黄色相间、黄色与绿色相间，或有时在绿色叶片上散生黄色或金黄色斑点或斑纹。总状花序腋生。蒴果近球形。花期9～10月。

分布习性 原产东南亚和太平洋群岛的热带地区；我国南方各地均有栽培。性喜高温、湿润和阳光充足的环境，不耐寒。

繁殖栽培 常用扦插、压条繁殖。

园林用途 叶色绚丽，叶形多变，可丛植或散植于池畔、亭前、道旁及公共绿地上。其枝叶繁茂，在南方常密植作绿篱，具较好的景观效果。也可作地被。也可盆栽观赏。

同种品种 ‘流星’变叶木（*Codiaeum variegatum* ‘Van Oosterzeei’），叶呈线条状；叶绿色，其上呈黄或浅黄色斑块（点）。

‘洒金’变叶木(*Codiaeum variegatum*‘Aucubaefolium’)，叶片上端阔状而下端楔状；叶绿色，其上呈黄或浅黄色斑块（点）。

‘砂子剑’变叶木（*Codiaeum variegatum* ‘Katonii’），叶呈提琴形；叶绿色，其上呈黄或浅黄色斑点。

‘金光’变叶木（*Codiaeum variegatum* ‘Chrysophylia’），叶绿色，叶上呈不规则状黄或浅黄色斑块。

‘嫦娥绫’变叶木（*Codiaeum variegatum* ‘Tortilis Major’），叶暗红色，叶上呈不规则状桃红或浅红色斑块。

‘华丽’变叶木（*Codiaeum variegatum* ‘Magnificent’），阔叶状；叶绿色，具明显的黄或浅红色叶脉。

1	4	7
2	5	8
3	6	9

1. 变叶木群植
2. 狭叶变叶木球植
3. 变叶木列植墙垣
4. 变叶木
5. ‘流星’变叶木
6. ‘砂子剑’变叶木
7. ‘洒金’变叶木片植
8. 变叶木列植
9. ‘嫦娥绫’变叶木

1	
2	4
3	5

1. ‘金光’变叶木
2. 狭叶变叶木
3. 变叶木绿篱
4. ‘华丽’变叶木
5. ‘华丽’变叶木

驳骨丹

Buddleja asiatica

醉鱼草科醉鱼草属

形态特征 直立灌木，高 1 ～ 8m。嫩枝条四棱形，老枝条圆柱形。叶对生，叶片膜质至纸质，狭椭圆形、披针形或长披针形，顶端渐尖或长渐尖。总状花序窄而长，由多个小聚伞花序组成，单生或者 3 至数个聚生于枝顶或上部叶腋内，再排列成圆锥花序；花冠白色，芳香，有时淡绿色。蒴果椭圆状。花期 1 ～ 10 月，果期 3 ～ 12 月。

分布习性 分布于我国陕西、江西、福建、台湾、湖北、湖南、广东、海南、广西、四川、贵州、云南和西藏等地；巴基斯坦、印度、不丹、尼泊尔、缅甸、泰国、越南、老挝、柬埔寨、马来西亚、巴布亚新几内亚、印度尼西亚和菲律宾等国家也有分布。喜温暖湿润气候，也稍耐阴，耐湿。

繁殖栽培 常用扦插繁殖。

园林用途 可丛植或散植于池畔、亭前、道旁及公共绿地上，具较好的景观效果。 枝叶繁茂，在南方常密植作绿篱。也可作地被。

1. 斑叶驳骨丹
2. 在绿地中群植

波斯红草

Perilepta dyeriana

爵床科耳叶爵床属

形态特征　常绿灌木，株高 10 ～ 20cm。叶对生，椭圆状披针形，叶缘有细锯齿；叶面布满细茸毛，并泛布紫色彩斑，叶背紫红色。

分布习性　分布于马来西亚、缅甸；我国广东、云南、广西、福建等地有栽培。性喜高温多湿，耐阴性强。

繁殖栽培　常用扦插繁殖。

园林用途　叶面紫色，且泛布彩斑，优雅美观，可片植或散植于树池或疏林下、亭前及公共绿地上。也可盆栽观赏。

1
2
3

1. 波斯红草
2. 片植于林下
3. 与其它植物配植丰富色彩

彩叶桂

Osmanthus fragrans 'Jinye Tianxiang'

木犀科木犀属

形态特征 常绿灌木，树冠圆球形，其树形和正常桂花差不多，在叶的边缘有黄色或白色的斑块，金边彩叶桂叶中间为绿色，叶边缘呈金色。金边彩叶桂开花白色。

分布习性 主分布于四川、重庆、江苏、浙江、山东、广西、广东、安徽等地。喜温暖，抗逆性强，既耐高温，也较耐寒。

繁殖栽培 常用扦插、压条和嫁接繁殖。

园林用途 花香浓郁，花白如雪，散植于池畔、亭前、道旁，景观效果较好。也可盆栽观赏。

1	
2	3

1. 丰富了植物的色彩
2. 丛植石旁
3. 枝叶

长节淡竹芋

Marantochloa leucantha

竹芋科芦竹芋属

形态特征 常绿灌木状，植株高可达 1.5～2m。叶片卵状长椭圆形，单叶互生，平行叶脉，叶具短柄；主茎及小枝呈竹节状，光滑。花纯白色，生于枝端。花果期 3～10 月。

分布习性 主要分布于热带及亚热带地区，我国云南及广东有引种栽培。湿生，好喜湖池岸畔、沼泽等处生长。

繁殖栽培 以根茎分株或扦插繁殖。

园林用途 适合植于湖池、溪流岸边，具较好的景观效果；若大面积植于园林湿地，不仅修复水体生态，也能表现出壮观的园林水景。

	2
1	3

1. 花枝
2. 丛植于水中
3. 在水景中的景观

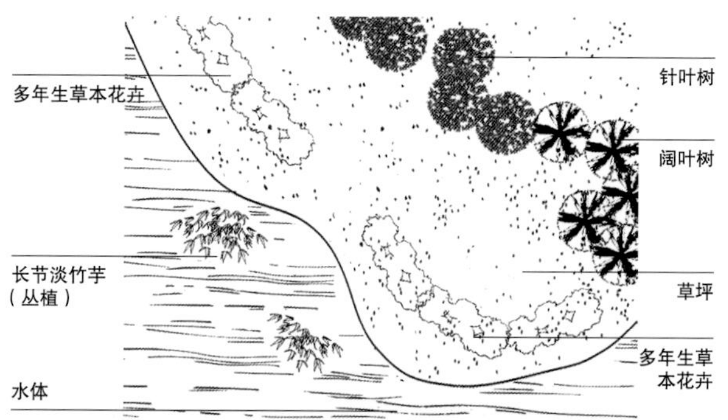

大理罗汉松

Podocarpus forrestii

罗汉松科罗汉松属

形态特征 常绿灌木，高 1 ～ 3m。叶密生或疏生，窄矩圆形或矩圆状条形，稀椭圆状披针形，质地厚、革质，先端钝或微圆，稀尖，基部窄，上面深绿色，中脉隆起，下面微具白粉，呈灰绿色。雄球花穗状，3 个簇生；雌球花单生。种子圆球形。

分布习性 分布于我国云南大理；广东、广西、海南、福建等地广泛栽培。性喜生于阴湿气候环境。

繁殖栽培 常用扦插繁殖。

园林用途 婆娑葱茏，叶面光亮，可修剪成球状体，孤植或散植于池畔、亭前、道旁及公共绿地上。枝叶繁茂，四季常青，在南方常密植作绿篱，具较好的景观效果。也可盆栽观赏。

同属植物 罗汉松 *Podocarpus macrophyllus*，在草坪、花坛孤植、列植，也可修剪成球形。亦可盆栽或作盆景。

兰屿罗汉松 *Podocarpus costalis*，在草坪、花坛孤植、列植于庭院、公园及公共绿地；植株生长快，枝条萌发多，在南方常密植作绿篱；亦可盆栽观赏。

1	2
3	
4	

1. 罗汉松盆景
2. 兰屿罗汉松盆景
3. 大理罗汉松球
4.大理罗汉松绿篱

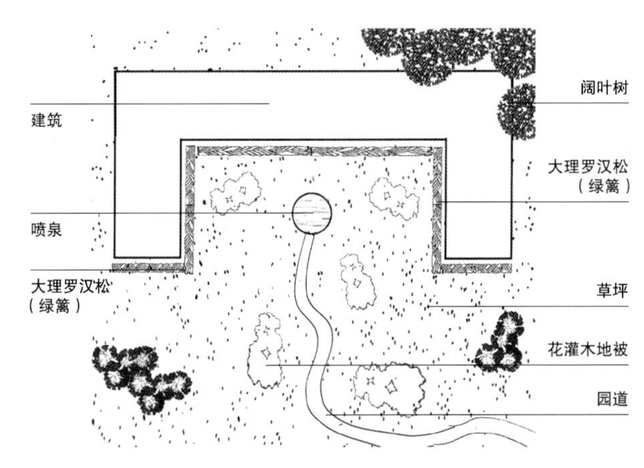

大叶黄杨

Euonymus japonicus

卫矛科卫矛属

形态特征 又名冬青卫矛。常绿灌木，高可达3m；小枝四棱，具细微皱突。叶革质，有光泽，倒卵形或椭圆形，先端圆阔或急尖，基部楔形，边缘具有浅细钝齿。聚伞花序5～12花；花白绿色。蒴果近球状。花期6～7月，果熟期9～10月。

分布习性 原产日本南部；我国长江流域及其以南各地多有栽培。性喜光耐阴，要求温暖湿润的气候和肥沃的土壤。酸性土、中性土或微碱性土均能适应。萌生性强，适应性强，较耐寒，耐干旱瘠薄。

繁殖栽培 常用扦插繁殖。

园林用途 叶面光亮，树形美观，可修剪成球状体，丛植或散植于池畔、亭前、道旁及公共绿地上。植株生长快，枝叶繁茂，在南方常密植作绿篱，具较好的景观效果。萌发性强，适合制作盆景，在造型前，可将主干截头，让截面四周或下方萌发新枝，再按艺术造型的要求，攀扎枝干，在春季用棕丝攀扎为好。亦可粗扎细剪，制成云片状或馒头状，或加工成自然树形。主干则顺其自然之势，制成斜干式或卧俯式。也可盆栽观赏。

同种品种 ‘金边’卫矛 *Euonymus japonicus* ‘Aurea-marginatus’，栽培变种，叶边缘橙黄色。

‘银边’卫矛 *Euonymus japonicus* ‘Alba-marginata’，栽培变种，叶边缘银白色。

1	4	5
2	6	7
3	8	

1. 大叶黄杨球
2. 大叶黄杨绿篱
3. ‘金边’卫矛丛植
4. 大叶黄杨
5. ‘银边’卫矛
6. ‘金边’卫矛绿篱
7. ‘金边’卫矛球
8. 大叶黄杨修剪整形在绿地中配植的景观

鹅掌藤

Schefflera arboricola

五加科鹅掌柴属

形态特征 藤状灌木，株高 2～3m；小枝有不规则纵皱纹，无毛。叶有小叶 7～9，稀 5～6 或 10。伞形花序十几个至几十个总状排列在分枝上，有花 3～10 朵；花白色。花期 7 月，果期 8 月。

分布习性 分布于我国台湾、广西、广东、海南等地。喜温暖湿润气候，耐阴，耐寒，不耐干旱。

繁殖栽培 常用扦插、播种和压条繁殖。

园林用途 可列植或散植于池畔、亭前、道旁及社区庭院；可植于疏林下作地被。也可盆栽观赏。

同种品种 ‘花叶’鹅掌藤 *Schefflera arboricola* ‘Variegata’，叶全缘，小叶与叶柄间具关节，叶有深浅不一的黄色斑纹。

‘美斑’鹅掌藤 *Schefflera arboricola* ‘Jacqueline’，叶全缘，黄色斑块大。

1	4	5
2	6	7
3	8	9

1. ‘花叶’鹅掌藤
2. ‘花叶’鹅掌藤绿篱
3. 鹅掌藤美化树池
4. ‘美斑’鹅掌藤饰边
5. ‘美斑’鹅掌藤装饰种植池
6. 在树池中修剪成球状
7. 作地被
8. 花序
9. 绿带

滇鼠刺

Itea yunnanensis

虎耳草科鼠刺属

形态特征 灌木，高 1～10m；幼枝黄绿色，具纵条纹；老枝深褐色，无毛。叶薄革质，卵形或椭圆形，上面深绿色，有光泽，下面淡绿色，两面均无毛。顶生总状花序，俯弯至下垂；花瓣淡绿色，线状披针形。蒴果锥状。花果期 5～12 月。

分布习性 分布于我国云南、广西、四川、西藏、贵州等地。适应性强，耐湿性强。

繁殖栽培 常用扦插繁殖。

园林用途 树形美观，花序长垂，可丛植或散植于池畔、亭前、道旁及公共绿地上。

1
2

1. 花序长垂
2. 树形美观

发 财 树

Pachira macrocarpa

木棉科瓜栗属

形态特征 常绿灌木。树冠较松散，幼枝栗褐色，无毛。小叶 5 ～ 11 片，具短柄或近无柄，长圆形至倒卵状长圆形，渐尖，基部楔形，全缘。花单生枝顶叶腋。种子大,不规则的梯状楔形。花期 5 ～ 11 月,果先后成熟，种子落地后自然萌发。

分布习性 原产墨西哥至哥斯达黎加等国；我国各地亦有栽培。性好温暖湿润、通风良好环境，喜阳，也稍耐阴，在疏松肥沃、排水性好的土壤中生长最好。

繁殖栽培 主要采用扦插繁殖。

园林用途 宜孤植或列植宾馆、酒店、娱乐场所等庭院。利用其萌芽强的特点，将 3 ～ 5 株幼树，弯曲捆绑或辫状捆绑造型；在其长大后进行截干处理，观赏效果较好。也可盆栽摆设于客厅、阳台和入口处。或水培放置于电视机旁、茶几、案头、窗前，获得“观其叶，赏其形”的效果。

1	1. 点缀在庭院角隅
2	2. 辫状造型

番木瓜

Carica papaya

番木瓜科番木瓜属

形态特征 常绿软木质小乔木，在华南园林中常作灌木栽培。株高 8m 左右，具乳汁；茎不分枝或有时于损伤处分枝，具螺旋状排列的托叶痕。叶大，聚生于茎顶端，近盾形，深裂，每裂片再为羽状分裂。花单性或两性，植株有雄株、雌株和两性株；雄花排列成圆锥花序，长达 1m，下垂；雌花单生或由数朵排列成伞房花序，着生叶腋内，乳黄色或黄白色。浆果肉质，成熟时橙黄色或黄色。花果期全年。

分布习性 原产热带美洲。我国福建南部、台湾、广东、广西、云南南部等地已广泛栽培。性喜高温多湿热带气候，不耐寒，遇霜即凋。因根系较浅，忌大风，忌积水。

繁殖栽培 主要采用播种繁殖。

园林用途 枝叶翠绿，植株洒脱，适合孤植或散植于池畔、亭前、道旁及社区庭院。也可盆栽观赏。

	2
1	3

1. 番木瓜
2. 大型奇特的叶片具观赏价值
3. 孤植在水边

非洲天门冬

Asparagus densiflorus

百合科天门冬属

形态特征 常绿半灌木，多少攀援，高可达1m。茎和分枝有纵棱。叶状枝每3枚成簇，扁平，条形，先端具锐尖头；茎上的鳞片状叶基部具硬刺，分枝无刺。总状花序单生或成对，通常具十几朵花；苞片近条形；花白色。浆果，熟时红色。

分布习性 原产非洲南部；我国各地有栽培。性喜温暖湿润，怕低温，喜半阴，耐干旱和瘠薄，不耐寒。

繁殖栽培 常用播种、分株繁殖。

园林用途 叶翠光亮，浆果鲜红，可丛植或散植于池畔、亭前及公共绿地上。

枝叶繁茂，秀丽雅致，可植于树坛或花坛、花境，效果较好。也可盆栽观赏。

1	
2	
3	4

1. 枝叶繁茂，秀丽雅致
2. 花序
3. 在种植槽中列植
4. 果序

菲岛福木

Garcinia subelliptica

藤黄科藤黄属

形态特征　常绿乔木，园林中常作灌木栽培。叶片厚革质，卵形、卵状长圆形或椭圆形，稀圆形或披针形。花杂性，同株，5数；花瓣倒卵形，黄色。浆果宽长圆形。

分布习性　分布于我国台湾南部，南方各地均有栽培；琉球群岛、菲律宾、斯里兰卡、印度尼西亚（爪哇）等地也有分布。适应性强，能耐暴风和怒潮的侵袭。

繁殖栽培　常用扦插繁殖。

园林用途　叶面光亮，树形美观，可丛植或散植于池畔、亭前、道旁及公共绿地上。枝叶繁茂，四季常青，在南方常密植作绿篱，具较好的景观效果。也可盆栽观赏。

1	
2	3

1. 孤植
2. 作绿篱
3. 果枝

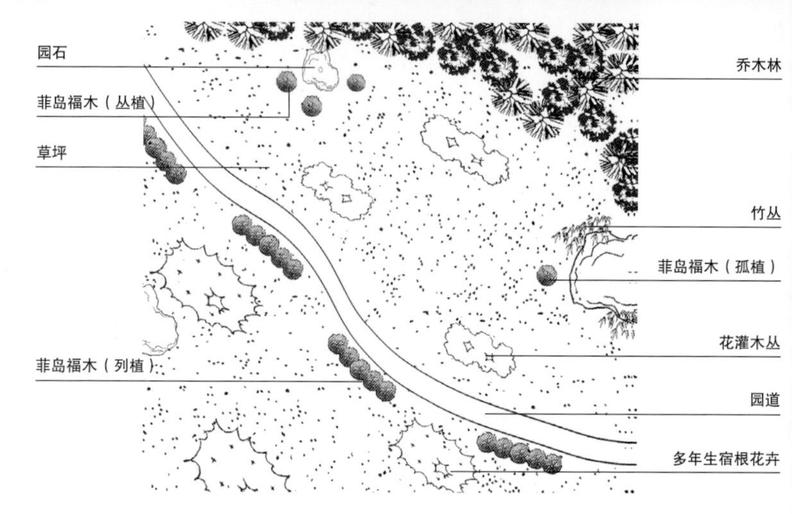

佛肚竹

Bambusa ventricosa

禾本科簕竹属

形态特征 灌木状丛生。其秆为二型：正常秆高8～10m，尾梢略下弯，下部稍呈“之”字形曲折；节间圆柱形，长30～35cm，幼时无白蜡粉，光滑无毛，下部略微肿胀。畸形秆通常高25～50cm，节间短缩而其基部肿胀，呈瓶状。叶片线状披针形至披针形。假小穗单生或以数枚簇生于花枝各节，线状披针形，稍扁；小穗含两性小花6～8朵；花丝细长，花药黄色。颖果未见。

分布习性 主要分布于我国南方各地，马来西亚和美洲均有引种栽培。性喜光，喜温暖湿润气候，抗寒力较低；耐水湿；喜肥沃湿润的酸性土。

繁殖栽培 采用分株、扦插等繁殖法。

园林用途 植株呈灌木状丛生，秆短畸形，状如佛肚，姿态秀丽，四季翠绿，适合植于庭院、公园、水滨等处，与假山、崖石等配置更显优雅。盆栽数株，当年成型，扶疏成丛林式，缀以山石，观赏效果甚佳。

1
2
3

1. 竹秆
2. 丛植于街头绿地
3. 丛植水边

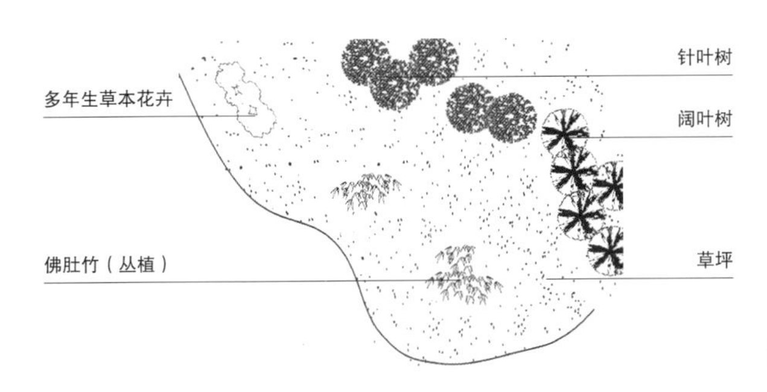

凤 尾 竹

Bambusa multiplex 'Fernleaf'

禾本科簕竹属

形态特征 株高 4 ～ 7m，尾梢近直或略弯，下部挺直，绿色。叶鞘无毛，纵肋稍隆起，背部具脊；叶片线形，先端渐尖具粗糙细尖头，基部近圆形或宽楔形。

分布习性 原产越南；我国东南部至西南部亦分布，野生或栽培。性喜温暖湿润和半阴环境，耐寒性稍差，不耐强光暴晒。怕渍水，宜肥沃、疏松和排水良好的壤土，冬季温度不低于 0℃。

繁殖栽培 可用分株、种子繁殖和扦插繁殖。但因竹类不易得到种子，扦插又难以发根，故分株是主要的繁殖方法。

园林用途 植株叶细纤柔，风韵潇洒，适于在庭院中墙隅、屋角、门旁配植，幽雅别致。植株枝条茂盛繁密，可作绿篱，可遮掩生硬的石墙，景观效果良好。也可盆栽，配以山石，摆件，放置客厅及入口处，很有雅趣。

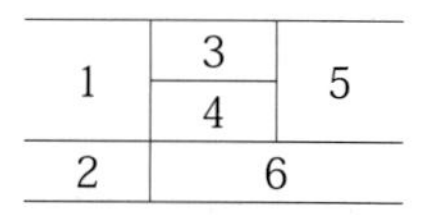

1. 修剪成绿球
2. 在绿地中丛植
3. 装饰墙垣
4. 丛植于园门两侧幽雅别致
5. 叶丛
6. 密植成绿墙

刚 竹

Phyllostachys sulphurea 'Viridis'

禾本科刚竹属

形态特征 灌木状丛生，秆高 6 ～ 15m，秆呈绿色或黄绿色。箨鞘背面呈乳黄色或绿黄褐色；箨舌绿黄色；箨片狭三角形至带状，外翻，微皱曲，绿色，但具橘黄色边缘。花枝未见。笋期 5 月中旬。

分布习性 分布于我国黄河至长江流域及福建等地；欧美有引种栽培。具较好的耐寒性，萌芽力强。

繁殖栽培 常用分蘖繁殖。

园林用途 植株生长密集挺拔，姿态潇洒，可群植或散植于池畔、亭前、道旁及公园绿地。

1. 丛植亭旁
2. 在庭园中丛植景观

枸 骨

Ilex cornuta

冬青科冬青属

形态特征 常绿灌木，树皮灰白色，高 0.6 ～ 3m。幼叶厚革质，二型，四角状长圆形或卵形，先端具 3 枚尖硬刺齿，中央刺齿常反曲，基部圆形或近截形，两侧各具 1 ～ 2 刺齿，有时全缘，叶面深绿色。花序簇生于 2 年生枝叶腋内。花淡黄色。果球形，成熟时鲜红色。花期 4 ～ 5 月，果期 10 ～ 12 月。

分布习性 原产于我国长江中下游地区，后来才传入欧洲。性喜阳光，耐阴，耐干旱，喜肥沃的酸性土壤，不耐盐碱，较耐寒。

繁殖栽培 常用播种或扦插繁殖。

园林用途 叶形奇特，鲜艳美丽，也可孤植于花坛中心，对植于前庭、路口，或丛植于草坪边缘；也宜作基础种植及岩石园材料。密植作绿篱（刺篱或果篱），具较好的景观效果。也可盆栽或制作盆景观赏。

同种品种 无刺枸骨 *Ilex cornuta*‘Fortunei’。

1	2
3	4
5	

1. 枸骨果实
2. 无刺枸骨
3. 孤植林下
4. 作盆景
5. 丛植林缘

龟甲冬青

Ilex crenata ‘Convexa makino’

冬青科冬青属

形态特征 常绿小灌木，钝齿冬青栽培变种，多分枝，小枝有灰色细毛。叶小而密，叶面凸起，厚革质，椭圆形至长倒卵形。聚伞花序，单生于当年生枝或下部的叶腋内，或假簇生于2年生枝的叶腋内；花白色。果球形，黑色。

分布习性 分布于我国长江下游至华南、华东、华北部分地区。性喜温暖气候，适应性强，阳地、阴处均能生长。

繁殖栽培 常用扦插繁殖。

园林用途 其枝干苍劲古朴，叶片密集浓绿，可丛植或散植于池畔、亭前、道旁及公共绿地上。也可作地被。也可盆栽观赏。

	2
	3
1	4

1. 叶丛
2. 孤植水边
3. 配植在公共绿地
4. 修剪成球状

贵州络石

Trachelospermum bodinieri

夹竹桃科络石属

形态特征　攀援灌木。叶长圆形，顶部渐尖，基部急尖。聚伞花序圆锥状，顶生和腋生；花蕾顶部钝形；萼片渐尖；花冠白色。花期5月。

分布习性　原产于我国贵州、四川等地。性喜光，稍耐阴、耐旱，耐寒性强。

繁殖栽培　常用扦插、压条繁殖。

园林用途　树形美观，可修剪成球状体，丛植或散植于池畔、亭前、道旁及公共绿地上。也可盆栽观赏。

1. 叶丛
2. 修剪成球状植于道旁

海南龙血树

Dracaena cambodiana

百合科龙血树属

形态特征 乔木状，华南地区常作灌木栽培。茎不分枝或分枝，树皮带灰褐色，幼枝有密环状叶痕。叶聚生于茎、枝顶端，几乎互相套迭，剑形，薄革质。圆锥花序长在 30cm 以上；花 3 ～ 7 朵簇生，绿白色或淡黄色。浆果。花期 7 月。

分布习性 分布于我国海南等地；越南、柬埔寨等地也有分布。适应性强。

繁殖栽培 常用分株繁殖。

园林用途 叶面光亮，树形美观，可丛植或散植于池畔、亭前、道旁及公共绿地上。也可盆栽观赏。

同属植物 剑叶龙血树 *Dracaena cochinchinensis*，叶面光亮，树形美观，可丛植或散植于池畔、亭前、道旁及公共绿地上。也可盆栽观赏。

香龙血树 *Dracaena fragrans*, 株形优美、叶色亮丽，叶姿优美，可散植于亭前及社区庭院。可盆栽摆设于较宽阔的客厅、书房、起居室，格调高雅、质朴，并带有南国情调。

1	3	4
2	5	6

1. 装点建筑
2. 海南龙血树
3. 剑叶龙血树
4. ‘金心’香龙血树
5. 海南龙血树花序
6. 香龙血树果序

海 桐

Pittosporum tobira

海桐科海桐属

形态特征 常绿灌木，高达6m，嫩枝被褐色柔毛，有皮孔。叶聚生于枝顶，革质。伞形花序或伞房状伞形花序顶生或近顶生；花白色，有芳香，后变黄色。

分布习性 分布于我国江苏、浙江、福建、台湾、广东等地；日本及朝鲜亦有分布。喜光，在半阴处也生长良好；喜温暖湿润气候和肥沃润湿土壤，耐轻微盐碱，能抗风防潮。生长适温15～30℃；能耐寒冷，亦颇耐暑热。

繁殖栽培 常用播种或扦插繁殖。

园林用途 株形圆整，四季常青，花味芳香，种子红艳，散植于池畔、亭前、道旁，在花坛四周、花径两侧、建筑物基础或作园林绿篱，具较好的景观效果。也可盆栽观赏。

同种品种 ‘花叶’海桐 *Pittosporum tobira* ‘Variegatum’，叶缘具黄白色的斑块。

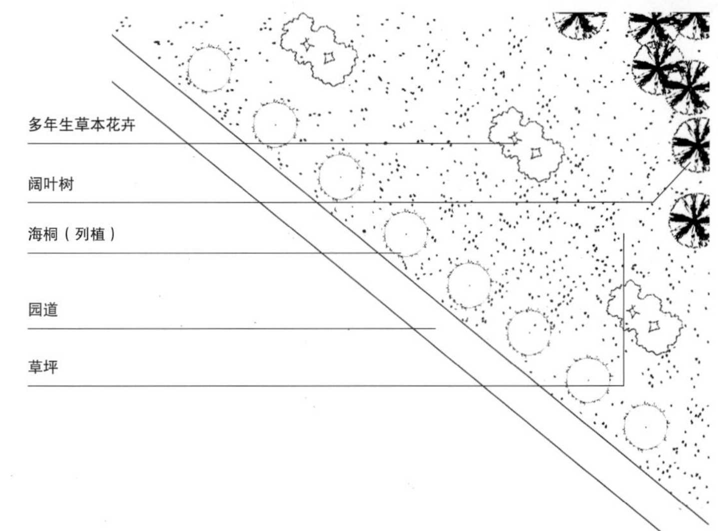

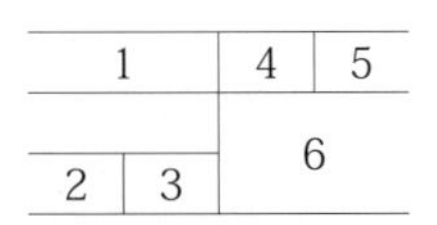

1. ‘花叶’海桐修剪成球篱
2. 花序
3. ‘花叶’海桐
4. 孤植池边
5. 修剪成美观的半球
6. 对植于台阶两侧

黑叶橡胶榕

Ficus elastica 'Decora burgundy'

桑科榕属

形态特征 常绿乔木，岭南地区常作灌木栽培。枝干易生气根，体内有白色乳液。叶椭圆形，先端尖突，厚革质，幼芽红色，渐变成深褐红色。

分布习性 原产印度、马来西亚等亚洲热带地区；我国华南地区有引种栽培。喜温暖明亮且湿度较大的环境条件。

繁殖栽培 常用压条法繁殖，扦插不易生根。夏季直射光下，叶片上的黄斑极易产生焦黄现象。在高温干旱季节应遮阴并经常浇水，保持盆土湿润。入冬后则应控制水分，盆土不宜过湿。

园林用途 叶片色深，光亮醒目，是常见的庭园观赏树及行道树。也可盆栽摆设室内厅堂，具良好的景观效果。

1
2
3

1. 列植路边成绿篱
2. 在种植槽内列植
3. 种于花箱内，布置广场

红背桂

Excoecaria cochinchinensis

大戟科海漆属

形态特征 常绿灌木，株高达1m；枝无毛，具多数皮孔。叶对生，稀兼有互生或近3片轮生，纸质，叶片狭椭圆形或长圆形，腹面绿色，背面紫红或血红色。花单性，雌雄异株，聚集成腋生或稀兼有顶生的总状花序。蒴果球形。花期几乎全年。

分布习性 分布于广东、广西、云南等南部地区；亚洲东南部各地也有栽培。性喜湿润，不耐干旱，不甚耐寒，耐半阴，忌阳光暴晒。

繁殖栽培 常用播种、扦插和嫁接繁殖。

园林用途 株丛茂密，叶色鲜艳，可丛植或散植于池畔、亭前、道旁及社区庭院。也可在树下作地被，具较好的效果。枝叶飘逸，清新秀丽，也可盆栽摆设于客厅和入口处。

同种品种 ‘彩叶’红背桂 *Excoecaria cochinchinensis* ‘Variegata’，其叶边缘呈淡黄色斑块。

1	
2	
3	4
	5

1. 植于花池中
2. 作林下地被
3. 盆栽观赏
4. 叶背血红
5. ‘彩叶’红背桂

红　车

Syzygium hancei

桃金娘科蒲桃属

形态特征　常绿灌木。其株高 1.5m 左右，株型丰满而茂密。叶片革质，对生，椭圆形至狭椭圆形，先端急渐尖，基部阔楔形；新叶红润鲜亮，随生长变化逐渐呈橙红或橙黄色，老叶则为绿色，一株树上的叶片可同时呈现红、橙、绿 3 种颜色。

分布习性　主要分布于我国福建、海南、广东和广西等地，其它地区也有栽培。为阳性植物，比较耐高温，喜欢阳光充足处的肥沃土壤。

繁殖栽培　采用扦插繁殖。

园林用途　以球形、层形、塔形、自然形、圆柱形、锥形等造型，三五成群配置成景，也可与景石等园林小品搭配成景。由于株型丰满茂密，可密植作绿篱。

	2
	3
1	4

1. 叶丛
2. 密植成绿墙
3. 各色叶组成美丽的绿篱
4. 丛植在建筑旁

红果仔

Eugenia uniflora

桃金娘科番樱桃属

形态特征 常绿灌木，高可达5m，全株无毛。叶对生，革质，大若指甲，卵形至卵状针形，从幼梢至成叶，叶色由红渐变为绿。伞房花序顶生，花白色，稍芳香，单生或数朵聚生于叶腋。果实更具特色，浆果球形，熟时深红色。花期5月，果熟期9～10月。

分布习性 原产巴西；我国南部有少量栽培。性喜温暖湿润的环境。

繁殖栽培 常用播种、根插繁殖。

园林用途 叶面光亮，树形美观，可修剪成球状体，丛植或散植于池畔、亭前、道旁及公共绿地上。也可盆栽观赏。

1	
2	
3	4

1. 光亮多彩的叶丛
2. 孤植路旁
3. 修剪成球形
4. 制作盆景

红　桑

Acalypha wilkesiana

大戟科铁苋属

形态特征　常绿灌木，株高1～4m；嫩枝被短毛。叶纸质，阔卵形，古铜绿色或浅红色，常有不规则的红色或紫色斑块，顶端渐尖，基部圆钝，边缘具粗圆锯齿，下面沿叶脉具疏毛；托叶狭三角形，具短毛。雌雄同株，通常雌雄花异序。花期几全年。

分布习性　分布于太平洋岛屿（波利尼西亚或斐济），现广泛栽培于热带、亚热带地区；我国台湾、福建、广东、海南、广西和云南等地有栽培。性喜高温多湿，抗寒力低，不耐霜冻。

繁殖栽培　因花后难以结成种子，多用扦插法育苗。

园林用途　可配置在灌木丛中点缀色彩。在南方常密植作绿篱，具较好的景观效果。也可盆栽摆设于室内客厅观赏。

同种品种　‘洒金’红桑 *Acalypha wikesiana*‘Java white’，叶面有黄、绿斑块。

‘旋叶银边’桑 *Acalypha wikesiana*‘Alba’，其叶片绿色镶嵌白边，并呈旋转扭曲状。

‘小叶’红桑 *Acalypha wikesiana*‘Monstroso’，叶互生，纸质，卵状披针形，古铜绿色，边缘浅红色，顶端渐尖，基部楔形，边缘具不规则钝齿。

‘红边’铁苋 *Acalypha wikesiana*‘Marginata’，叶互生，纸质，边缘浅黄色且泛红，叶脉红色。腋生穗状花序。

<table>
<tr><td rowspan="2">1</td><td>3</td><td>4</td><td>5</td></tr>
<tr><td>6</td><td colspan="2" rowspan="2">8</td></tr>
<tr><td rowspan="2">2</td><td>7</td></tr>
<tr><td>9</td><td colspan="2" rowspan="2">11</td></tr>
<tr><td></td><td>10</td></tr>
</table>

1. ‘旋叶银边’桑
2. ‘旋叶银边’桑绿篱
3. ‘洒金’红桑
4. ‘洒金’红桑花序
5. ‘洒金’红桑丛植路边
6. 红桑
7. 狭叶红桑
8. 红桑列植成“红墙”
9. ‘红边’铁苋叶片
10. ‘红边’铁苋密植成绿墙
11. ‘红边’铁苋衬托标牌

沙北公园
菽庄花园

红叶石楠

Photinia × fraseri ‘Red robin’

蔷薇科石楠属

形态特征 常绿小乔木，常作灌木栽培。其株高1～2m，株形紧凑。叶革质，长椭圆形至倒卵状披针形，春季和秋季新叶亮红色。花期4～5月。梨果红色，能延续至冬季。

分布习性 主要分布于亚洲东南部、东部和北美洲的亚热带和温带地区。我国常见的品种有‘红罗宾’和‘红唇’，由石楠与光叶石楠杂交而成，而‘鲁宾斯’则由日本园艺家从光叶石楠中选育而成。喜光，稍耐阴，喜温暖湿润气候，耐干旱瘠薄，不耐水湿。

繁殖栽培 主要通过扦插繁殖，其成本低、操作简便、成活率高。

园林用途 在绿地中可孤植、丛植。可密植作绿篱，或公路绿化隔离带。可成片种植作地被，具较好的观赏效果。

	2
	3
1	4

1. 亮红色的新叶
2. 在绿地中片植
3. 孤植在树池中
4. 片植景观

厚叶清香桂

Sarcococca wallichii

黄杨科野扇花属

形态特征 常绿灌木，小枝绿色，圆柱状，有棱线。叶近革质，披针形。总状花序腋生，近球形。果为核果状，球形，熟时黑紫色。花果期9～10月。

分布习性 分布于我国云南等地；尼泊尔、不丹等地也有分布。适应性强，喜生石灰岩地区，耐阴。

繁殖栽培 常用播种或分株繁殖。

园林用途 叶面光亮，花香果红，可丛植或散植于池畔、亭前、道旁及公共绿地上。枝叶繁茂，常密植作绿篱，具较好的景观效果。可作林下地被。也可盆栽观赏。

同属植物 清香桂 *Sarcococca ruscifolia*，叶面光亮，花香果红，可丛植或散植于池畔、亭前、道旁及公共绿地上。枝叶繁茂，常密植作绿篱，具较好的景观效果。也可作林下地被。也可盆栽观赏。

1
2
3

1. 厚叶清香桂
2. 厚叶清香桂丛植草地上
3. 清香桂丛植道旁

花 椒

Zanthoxylum bungeanum

芸香科花椒属

形态特征 落叶灌木。小叶对生无柄，卵形、椭圆形，稀披针形。花序顶生或生于侧枝之顶，花序轴及花梗密被短柔毛或无毛；花被片6～8片，黄绿色，形状及大小大致相同。果紫红色。花期4～5月，果期8～9月或10月。

分布习性 分布于我国贵州、四川、云南等地。性喜阳光、温暖、湿润及土层深厚肥沃壤土、砂壤土，萌蘖性强，耐寒，耐旱，不耐涝。

繁殖栽培 常用播种、嫁接、扦插和分株繁殖。

园林用途 可片植，丛植或散植于林缘及公共绿地。也可密植作绿篱。

同属植物 贵州花椒 *Zanthoxylum esquirolii*, 可片植、丛植或散植于林缘及公共绿地。也可密植作绿篱。

竹叶花椒 *Zanthoxylum armatum*, 叶面光亮，树形美观，可丛植或散植于池畔、亭前及社区庭院。也可密植作绿篱。

胡椒木 *Zanthoxylum beecheyanum* ‘Odorum’, 叶面光亮，可丛植或散植于池畔、亭前、道旁及公共绿地上。也可作地被。也可盆栽观赏。

<table>
<tr><td>1</td><td>4</td><td rowspan="2">6</td></tr>
<tr><td>2</td><td>5</td></tr>
<tr><td>3</td><td colspan="2">7</td></tr>
</table>

1. 花椒散植
2. 竹叶花椒丛植绿带中
3. 胡椒木与岩石配植
4. 花椒
5. 竹叶花椒
6. 贵州花椒
7. 胡椒木绿篱

胡颓子

Elaeagnus pungens

胡颓子科胡颓子属

形态特征 常绿直立灌木，高3～4m，具刺，刺顶生或腋生。叶革质，椭圆形或阔椭圆形，稀矩圆形，两端钝形或基部圆形，边缘微反卷或皱波状。花着生在叶腋间，每腋着生1～3朵。花期10～11月，翌年5月果实成熟。

分布习性 分布于我国江苏、浙江、安徽、江西、福建、湖南、湖北、四川、贵州、陕西、云南等地。性喜光，耐半阴，喜温暖气候，稍耐寒。对土壤适应性强，耐干旱贫瘠，耐水湿，耐盐碱，抗空气污染。

繁殖栽培 常用播种、扦插繁殖。

园林用途 树形优美，可丛植或散植于池畔、亭前、道旁及公共绿地上。也可盆栽或制作盆景观赏。

同属植物 福建胡颓子 *Elaeagnus oldhamii*，散植于池畔、亭前、道旁。枝条萌发多，在南方常密植作绿篱，可遮掩生硬的石墙，具较好的景观效果。

花叶胡颓子 *Elaeagunds pungens* var.*variegata*，叶背银白，颇具吸引力，常植于庭园中，与其它树种配植形成色彩差异，也可与设施搭配，如群植于座椅等的后边，起到衬托的作用。

1	4	
2		
3	5	6

1. 胡颓子
2. 福建胡颓子
3. 福建胡颓子绿篱
4. 胡颓子在公园路边丛植
5. 花叶胡颓子
6. 花叶胡颓子植于水边

灰　莉

Fagraea ceilanica

马钱科灰莉属

形态特征　常绿灌木。树皮灰色。小枝粗厚，圆柱形；全株无毛。叶片稍肉质，顶端渐尖，基部楔形或宽楔形，叶面深绿色。花单生或组成顶生二歧聚伞花序；花萼绿色。浆果卵状或近圆球状。花期4～8月，果期7月至翌年3月。

分布习性　分布于我国广东、云南、台湾、海南、广西等地；印度、斯里兰卡、缅甸、泰国、老挝等国也有分布。适应性强，有较强的抗热性和耐寒性，萌芽力强。

繁殖栽培　常用扦插、播种、压条、分株繁殖。

园林用途　花大芳香，青翠碧绿，枝繁叶茂，树形优美，可修剪成球状体，散植于池畔、亭前、道旁及公共绿地上。植株生长快，枝叶繁茂，在南方常密植作绿篱，具较好的景观效果。也可盆栽观赏。

同种品种　‘彩叶’灰莉 *Fagraea ceilanica* ‘Coloured leaf’，叶边缘具浅黄色斑纹（块）。

<table>
<tr><td>1</td><td>4</td><td>5</td></tr>
<tr><td>2</td><td colspan="2" rowspan="2">6</td></tr>
<tr><td>3</td></tr>
</table>

1. 盆栽点缀角隅
2. 花期在绿地旁形成美丽景色
3. 灰莉列植于道路旁
4. ‘彩叶’灰莉配植在花坛中
5. ‘彩叶’灰莉在绿地中醒目耀眼
6. 灰莉球在绿地中丛植的景观

火　棘

Pyracantha fortuneana

蔷薇科火棘属

形态特征　常绿灌木，高达3m；侧枝短，先端成刺状。叶片倒卵形或倒卵状长圆形，边缘有钝锯齿，齿尖向内弯，近基部全缘。花集成复伞房花序，花瓣白色。果实近球形，橘红色或深红色。花期3～5月，果期8～11月。

分布习性　分布于我国陕西、江苏、浙江、福建、湖北、湖南、广西、四川、云南、贵州等地。性喜强光，耐贫瘠，抗干旱，不耐寒。

繁殖栽培　常用播种、扦插和压条法繁殖。

园林用途　树形优美，夏有繁花，秋有红果，可丛植或散植于池畔、亭前、道旁及公共绿地。植株生长快，枝叶繁茂，常密植作绿篱，具较好的景观效果。

其果枝是插花材料，特别是在秋冬两季配置菊花、蜡梅等作传统的艺术插花。也可盆栽或制作盆景观赏。

同种品种　‘小丑’火棘 *Pyracantha fortuneana* ‘Harlequin’，枝叶繁茂，叶色美观，初夏白花繁密，入秋果红如火，可修剪成球状体，丛植、孤植于草坪边缘及园路转角处。长势强健，萌芽力强，内膛枝和下部枝不易凋落；可作绿篱界定空间，美观大方。也可作地被。也可盆栽观叶。

1	4	5
2	6	
3		

1. 火棘果期的景观
2. ‘小丑’火棘地被
3. 火棘果序
4. 修剪成球形
5. ‘小丑’火棘果枝
6. 修剪成绿篱

‘花叶’夹竹桃

Nerium indicum ‘Markings’

夹竹桃科夹竹桃属

形态特征 常绿直立大灌木，高达5m。叶3～4枚轮生，枝下部为对生，窄披针形，顶端急尖，基部楔形，叶缘反卷，叶面深绿，叶边缘或全叶呈黄白色至黄色（白色乳汁具毒性）。聚伞花序顶生，着花数朵；花芳香；花萼5深裂，红色；花冠深红色或粉红色。花期几乎全年，夏秋为最盛；果期一般在冬春季。

分布习性 分布于伊朗、印度、尼泊尔；现广植于世界热带地区；我国各地均有栽培，尤以南方为多。性喜光，喜温暖湿润气候，不耐寒。

繁殖栽培 常用扦插、压条繁殖。

园林用途 花色红艳，枝叶茂盛，可列植或散植于池畔、亭前、道旁及公共绿地上。南方常密植作绿篱绿墙，具较好的景观效果。

1
2
3

1. 枝叶
2. 散植绿地
3. 丛植路旁

基及树

Carmona microphylla

紫草科福建茶属

形态特征 又名福建茶。常绿灌木，高1～3m，具褐色树皮，多分枝。叶革质，倒卵形或匙形，先端圆形或截形，具粗圆齿，基部渐狭为短柄，上面有短硬毛或斑点，下面近无毛。团伞花序开展；花冠钟状，白色，或稍带红色。核果。

分布习性 分布于我国广东、海南、台湾、福建等地；亚洲南部、东南部及大洋洲的巴布亚新几内亚及所罗门群岛也有分布。性喜温暖湿润气候，不耐寒，比较耐阴；萌芽力强，耐修剪。

繁殖栽培 常用扦插、枝插、根插繁殖。

园林用途 植株生长快，枝条萌发多，在南方常密植作绿篱，具较好的景观效果。树形矮小，枝条密集，绿叶白花，叶翠果红，且花期长，春花夏果，夏花秋果，形成绿叶白花，绿叶红果互衬。适于制作盆景观赏。

1
2
3

1. 修剪成波浪式的绿篱
2. 与各色叶的植物搭配，形成美丽的花纹图案
3. 修剪成各种造型

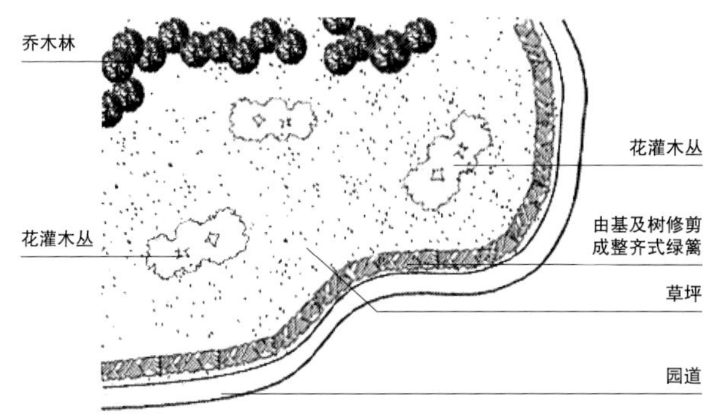

假连翘

Duranta repens

马鞭草科假连翘属

形态特征 常绿灌木，高 1.5 ～ 3m；枝条有皮刺，幼枝有柔毛。叶对生，少有轮生，叶片卵状椭圆形或卵状披针形，纸质，顶端短尖或钝，基部楔形，全缘或中部以上有锯齿，有柔毛。总状花序顶生或腋生，常排成圆锥状；花冠通常蓝紫色。核果球形，熟时红黄色。花果期 5 ～ 10 月，在南方可为全年。

分布习性 原产墨西哥至巴西；我国南方广为栽培，华中和华北地区多为盆栽。性喜高温，耐旱。全日照，喜好强光，能耐半阴。

繁殖栽培 常用扦插或播种。

园林用途 花朵鲜艳夺目，宜散植于池畔、亭前、道旁，丛植于草坪或与其它树种搭配；植株生长快，在南方常密植作绿篱；在园林中孤植树下作植被；可盆栽摆设于客厅，也适宜布置会场等地。

同种品种 ‘金叶’假连翘 *Duranta repens*‘Golden Leaves’，叶对生，叶长卵圆形，色金黄至黄绿，卵状椭圆形或倒卵形。

‘花叶’假连翘 *Duranta repens*‘Variegata’，枝下垂或平展，茎四方，绿色至灰褐色。叶对生，边缘具黄白色斑块，中部以上有粗刺，纸质，绿色。

‘金边’假连翘 *Duranta repens*‘Marginata’，与金叶假连翘的区别在于‘金叶’假连翘是整叶泛黄或黄绿色；而‘金边’假连翘的叶边有黄或黄绿色的斑块。

<table>
<tr><td>1</td><td colspan="2" rowspan="2">4</td></tr>
<tr><td>2</td></tr>
<tr><td>3</td><td>5</td><td>6</td></tr>
</table>

1. 修剪整齐的绿篱
2. 假连翘自然列植成绿篱
3. 花期的景观
4. ‘花叶’假连翘群植绿地中
5. ‘花叶’假连翘绿篱
6. ‘花叶’假连翘

1	
2	3
4	5

1. ‘金叶’假连翘
2. ‘金边’假连翘
3. ‘金叶’假连翘绿篱
4. 修剪成球的‘金叶’假连翘
5. ‘金叶’假连翘配植水边

尖叶木犀榄

Olea ferruginea

木犀科木犀榄属

形态特征 常绿灌木，株高 3 ～ 10m。枝灰褐色，圆柱形，粗糙，小枝褐色或灰色，近四棱形，无毛，密被细小鳞片。叶片革质，狭披针形至长圆状椭圆形。圆锥花序腋生；花白色，两性；子房近圆形。果宽椭圆形或近球形。花期 4 ～ 8 月，果期 8 ～ 11 月。

分布习性 分布于我国云南、广西、四川等地；印度、巴基斯坦、阿富汗、喀什米尔地区等地也有分布。适应性强，有较强的抗热性和耐寒性，萌芽力强。

繁殖栽培 常用扦插繁殖。

园林用途 叶面光亮，树形美观，可修剪成球状体，丛植或散植于池畔、亭前、道旁及公共绿地上。植株生长快，枝叶繁茂，在南方常密植作绿篱，具较好的景观效果。也可作地被。也可盆栽观赏。

1	
2	
3	4

1. 修剪成球状体丛植绿地
2. 修剪成绿篱
3. 尖叶木犀榄球点缀在草地上
4. 枝叶

金 橘

Fortunella margarita

芸香科金橘属

形态特征 常绿灌木，树高 3m 以内；枝有刺。叶质厚，浓绿，卵状披针形或长椭圆形。单花或 2～3 花簇生。果椭圆形或卵状椭圆形，橙黄至橙红色，果皮味甜。花期 3～5 月，果期 10～12 月。

分布习性 分布于我国台湾、福建、广东、广西等地；越南也有栽培。性喜温暖湿润、阳光充足的环境，忌干旱。

繁殖栽培 常用扦插繁殖。

园林用途 冠形丰满，树体健美，碧叶金丸，扶疏长荣，可盆栽摆放于室内大厅观赏。

	2
1	3

1. 布置绿地花坛
2. 新年之时制作成花坛，喜庆吉祥
3. 对植于入口两侧

金脉爵床

Sanchezia speciosa

爵床科金脉爵床属

形态特征 常绿灌木。多分枝，茎干半木质化。叶对生，无叶柄，阔披针形，先端渐尖，基部宽楔形，叶缘锯齿；叶片嫩绿色，叶脉橙黄色。夏秋季开出黄色的花，花为管状，簇生于短花茎上，每簇 8 ～ 10 朵，整个花簇被一对红色的苞片包围。

分布习性 原产厄瓜多尔；我国广东、云南、台湾、福建、广西、四川等地均有栽培。性喜高温多湿和半阴环境，忌直射强光和光线太弱。

繁殖栽培 常用扦插繁殖。

园林用途 叶脉醒目，花色耀眼，宜散植于池畔、亭前、道旁及社区庭院。植株生长快，在南方常密植作绿篱，可遮掩生硬的石墙，具较好的景观效果。植于树下作地被，具较好的效果。也可盆栽观赏。

1	
2	
3	4

1. 密植作绿篱
2. 片植路旁
3. 组成花坛
4. 叶丛

金粟兰

Chloranthus spicatus

金粟兰科金粟兰属

形态特征 半灌木，直立或稍平卧，高 30 ～ 60cm；茎圆柱形，无毛。叶对生，厚纸质，椭圆形或倒卵状椭圆形，顶端急尖或钝，基部楔形，边缘具圆齿状锯齿。穗状花序排列成圆锥花序状，通常顶生，少有腋生；苞片三角形；花小，黄绿色，极芳香；子房倒卵形。花期 4 ～ 7 月，果期 8 ～ 9 月。

分布习性 分布于我国云南、四川、贵州、福建、广东，现各地多为栽培；日本也有栽培。性喜温暖阴湿环境，要求排水良好和富含腐殖质的酸性土壤，根系怕水渍。

繁殖栽培 采用扦插和压条等繁殖方法。

园林用途 在园林中常作林下地被，景观效果较好。

1. 叶丛
2. 花序
3. 片植作地被

‘金叶’亮叶忍冬

Lonicera nitida ‘Baggesens Gold’

忍冬科忍冬属

形态特征 常绿灌木，株高2～3m。枝灰褐色，圆柱形，粗糙，小枝褐色或灰色，近四棱形，无毛，密被细小鳞片。叶金黄色，革质，对生，卵形或卵状椭圆形，叶全缘。花腋生，浅黄色。浆果蓝紫色。

分布习性 分布于我国云南等地。耐寒力强，也耐高温，也能耐阴。

繁殖栽培 常用扦插繁殖。

园林用途 叶面光亮，树形美观，可丛植或散植于池畔、亭前及公共绿地上。

常密植作绿篱。四季常青，叶色亮绿，生长旺盛，萌芽力强，分枝茂密，可作地被。

1. 叶丛
2. 片植景观

孔雀木

Schefflera elegantissima

五加科鹅掌柴属

形态特征 常绿灌木，盆栽时株高常在 2m 以下。树干和叶柄都有乳白色的斑点。叶互生，掌状复叶，小叶 7～11 枚，条状披针形，边缘有锯齿或羽状分裂，幼叶紫红色，后成深绿色。复伞状花序，生于茎顶叶腋处，小花黄绿色不显著。

分布习性 原产于澳大利亚和太平洋群岛，印度、斯里兰卡至中南半岛也有分布；我国广东、云南、台湾、福建、广西等地均有栽培。喜温暖湿润环境，属喜光性植物，不耐寒，不耐强光直射。

繁殖栽培 常用扦插和播种育苗繁殖。

园林用途 其株形优美，洒脱多姿，常丛植或散植于池畔、亭前、道旁及社区庭院；也可盆栽摆设于客厅、会场等公共场所。

同种品种 ‘狭叶’孔雀木 *Dizygotheca elegantissima* ‘Narrow leaves’，掌状复叶，形似手掌，小叶窄长，灰绿色，小叶周边深红色。

	2
1	3

1. ‘狭叶’孔雀木
2. 孔雀木掌状复叶
3. 在温暖地区，孔雀木长得高大如乔木

鳞秕泽米铁

Zamia furfuracea

泽米铁科泽米铁属

形态特征 多为单干，干桩高 15 ～ 30cm，少有分枝，有时呈丛生状，粗圆柱形，表面密布暗褐色叶痕，多年生植株的总干基部茎盘处，常着生幼小的萌蘖。叶为大型偶数羽状复叶，丛生于茎顶，长 60 ～ 120cm，硬革质，疏生坚硬小刺，羽状排列的小叶多达 15 对，小叶长椭圆形，两侧不等，基部 2/3 处全缘，上部密生钝锯齿，顶端钝渐尖。雌雄异株，雄花序松球状，雌花序似掌状。

分布习性 主要分布于墨西哥东部韦拉克鲁斯州东南部；我国华南地区有引种栽培。性喜光照，且耐强光，不耐阴。

繁殖栽培 主要采用播种和分株繁殖。

园林用途 植株形态优美独特，可丛植或散植于池畔、亭前、道旁及公共绿地上。

1	
2	
3	4

1. 姿态优美独特的鳞秕泽米铁
2. 与其它植物组景
3. 孤植于绿地
4. 雄花序

六月雪

Serissa japonica

茜草科六月雪属

形态特征 常绿小灌木，高近 1m，有臭气。叶革质，叶柄短。花单生或数朵丛生于小枝顶部或腋生，花冠淡红色或白色。花期 5～7 月。

分布习性 分布于我国江苏、安徽、江西、浙江、福建、广东、香港、广西、四川、云南；日本、越南也有分布和栽培。性畏强光。喜温暖气候，也稍能耐寒、耐旱。喜排水良好、肥沃和湿润疏松的土壤，对环境要求不高，生长力较强。

栽培繁殖 常采用扦插法和分株法繁殖，也可用压条，全年均可进行，以春季 2～3 月硬枝扦插和梅雨季节嫩枝扦插的成活率最高。

园林用途 可散植于池畔、亭前、道旁及庭院；在南方常密植作绿篱，具较好的景观效果；其枝叶密集，白花盛开，宛如雪花满树，雅洁可爱，是既可观叶又可观花的优良观赏植物。它是四川、江苏、安徽盆景中的主要树种之一，其叶细小，根系发达，尤其适宜制作微型或提根式盆景。盆景布置于客厅的茶几、书桌或窗台上，则显得非常雅致，是室内美化点缀的佳品。

同种品种 ‘金边’六月雪 *Serissa japonica* ‘Aureo marginata’，叶边缘金黄色，全缘，先端钝，厚革质，深绿色，有光泽。树形纤巧。

1. 六月雪花枝
2. 植作绿篱
3. ‘金边’六月雪

轮叶蒲桃

Syzygium grijsii

桃金娘科蒲桃属

形态特征 灌木，高不及1.5m；嫩枝纤细，有4棱，干后黑褐色。叶片革质，细小，常3叶轮生，狭窄长圆形或狭披针形，先端钝或略尖，基部楔形。聚伞花序顶生，花白色。果实球形。花期5～6月。

分布习性 分布于我国浙江、江西、福建、广东、广西等地。性喜高温、多湿，阳光充足。适于肥沃、排水良好的土壤。

繁殖栽培 常用扦插繁殖。

园林用途 可修剪成球状体，丛植或散植于池畔、亭前、道旁及公共绿地上。也可盆栽观赏。

1
2
3

1. 枝叶
2. 可作绿篱
3. 修剪成球状点缀绿地

露兜树

Pandanus tectorius

露兜树科露兜树属

形态特征 常绿分枝灌木，常左右扭曲，具多分枝或不分枝的气根。叶簇生于枝顶，三行紧密螺旋状排列，叶缘和背面中脉均有粗壮的锐刺。雄花序由若干穗状花序组成，每一穗状花序长约5cm；佛焰苞长披针形，近白色；雄花芳香；雌花序头状，单生于枝顶，圆球形；佛焰苞多枚，乳白色。聚花果大，向下悬垂。花期1～5月。

分布习性 原产马达加斯加；我国台湾、广东、海南、广西、贵州和云南等地也有分布。性喜光，喜高温、多湿气候，适生于海岸砂地，常生于海边沙地。

繁殖栽培 常用分株或播种繁殖。

园林用途 叶色光亮，树姿美观，可丛植或散植于池畔、亭前、道旁及公共绿地上。耐湿性强，可植于湿地公园或池畔，具较好的景观效果。也可盆栽观赏。

同种品种 ‘金叶’露兜树 *Pandanus tectorius* ‘Leaf golden yellow’，整叶变黄或黄白色。

‘金边矮’露兜 *Pandanus tectorius* ‘Golden Pygmy’，株高30～60cm，茎多分枝，基部具支柱根。叶带状，沿叶中脉变黄色。

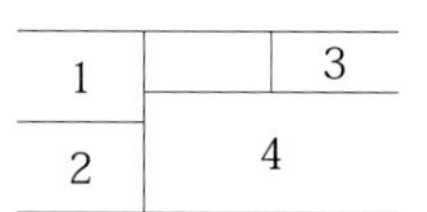

1. 露兜树丛植湿地公园
2. 丛植水池边、草地上
3. ‘金边矮’露兜
4. ‘金叶’露兜树

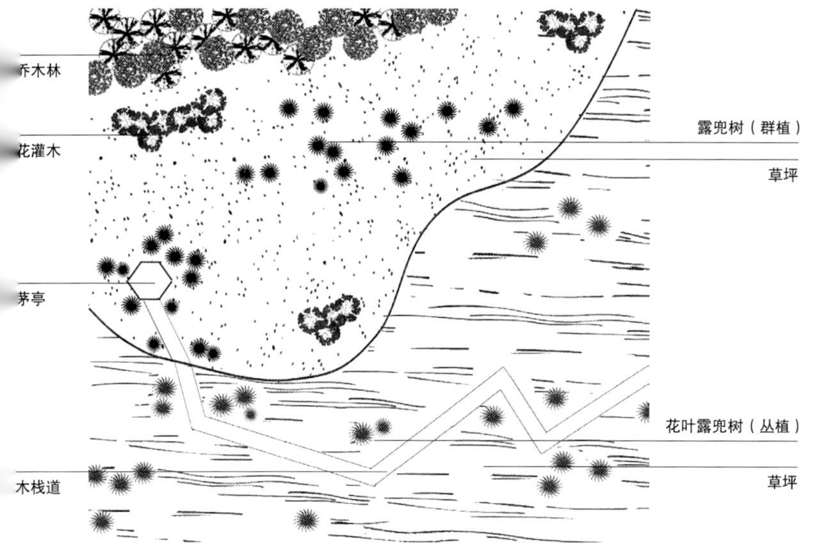
乔木林
花灌木
茅亭
木栈道
露兜树（群植）
草坪
花叶露兜树（丛植）
草坪

棉叶膏桐

Jatropha gossypifolia

大戟科麻疯树属

形态特征 直立灌木，株高约 4m。茎有毛。叶片呈 3 裂，而 3 片小叶最初紫色，成熟时呈绿色。果实呈椭圆形的蒴果，最初绿色，成熟时黑褐色，有毒。

分布习性 原产于墨西哥、美国南部、印度和加勒比海群岛；我国广东、海南、广西等地均有栽培。喜光，生长于疏松、肥沃、富含有机质的酸性砂质土壤中。

繁殖栽培 可播种、扦插繁殖。

园林用途 可列植或散植于池畔、亭前、道旁及社区庭院，但其果实有毒性。

也可盆栽观赏。

	2	
	3	
1	4	5

1. 花叶
2. 点缀在园林中
3. 列植于路边
4. 果实
5.自然生长的植株

木 榄

Bruguiera gymnorrhiza

红树科木榄属

形态特征 常绿灌木，树皮灰黑色，有粗糙裂纹。叶椭圆状矩圆形，顶端短尖，基部楔形；叶柄暗绿色、淡红色。花单生，萼平滑无棱，暗黄红色，中部以下密被长毛，上部无毛或几无毛，裂片顶端有刺毛，裂缝间具刺毛1条；雄蕊略短于花瓣；黄色。花果期几全年。

分布习性 分布于我国广东、广西、福建、台湾及其沿海岛屿；非洲东南部、印度、斯里兰卡、马来西亚、泰国、越南、澳大利亚北部及波利尼西亚亦有分布。性喜生于稍干旱、空气流通、伸向内陆的盐滩。

繁殖栽培 常用扦插繁殖。

园林用途 叶面光亮，树形美观，可成片种植于沿岸海滩，形成红树林湿地景观。

1
2
3

1. 叶丛
2. 片植形成红树林湿地景观
3. 在水边丛植

木　薯

Manihot esculenta

大戟科木薯属

形态特性　直立灌木，株高 1.5 ～ 3m。叶纸质，轮廓近圆形，掌状深裂几达基部，裂片 3 ～ 7 片，倒披针形至狭椭圆形，顶端渐尖，全缘；托叶三角状披针形。圆锥花序顶生或腋生；花萼带紫红色且有白粉霜。蒴果椭圆状。花期 9 ～ 11 月。

分布习性　原产于巴西、墨西哥等国家；我国福建、台湾、广东、海南、广西、贵州及云南等地有栽培。适应性强，耐旱耐瘠。

繁殖栽培　通常用其茎部繁殖，选择主茎下段萌发力强、发芽粗壮的茎段作种茎。

园林用途　叶片奇特，株形美观，散植于池畔、亭前、道旁。

植株生长快，枝条萌发多，在南方常密植作绿篱，可遮掩生硬的石墙，具较好的景观效果。

同种品种　‘斑叶’木薯 *Manihot esculenta*‘Variegata’，叶中央具不规则的黄色斑块。

	2
1	3

1. 掌状叶
2. 孤植绿地中
3. 群植景观

南天竹

Nandina domestica

小檗科南天竹属

形态特征 常绿小灌木。茎常丛生而少分枝，高1～3m，光滑无毛，幼枝常为红色，老后呈灰色。叶互生，集生于茎的上部，三回羽状复叶，二至三回羽片对生；小叶薄革质，椭圆形或椭圆状披针形，顶端渐尖，基部楔形，全缘，上面深绿色，冬季变红色。圆锥花序直立，花小，白色，具芳香。浆果球形，熟时鲜红色，稀橙红色。种子扁圆形。花期3～6月，果期5～11月。

分布习性 分布于我国福建、浙江、山东、江苏、江西、安徽、湖南、湖北、广西、广东、四川、云南、贵州、陕西、河南等地；日本也有分布；北美东南部有栽培。性喜温暖，怕直射阳光，也能耐寒。

繁殖栽培 常采用播种、分株繁殖。

园林用途 树姿秀丽，果实鲜艳，丛植或散植于池畔、亭前、道旁及公共绿地上，且配以山石，景观效果较好。翠绿扶疏，红果累累，制作盆景观赏价值高；也可盆栽观赏。绿叶红果，圆润光洁，可与蜡梅、红梅、象牙红等插瓶。放在茶几或写字台上，风韵别致。

1	
2	3

1. 茂盛的株丛
2. 群植林下
3. 红艳的果序

‘女王’垂榕

Ficus benjamina ‘Reginald’

桑科榕属

形态特征　常绿灌木，有时为藤本状，株高可达30m，枝干易生气根，小枝弯垂。叶椭圆形，端尖，叶面平滑光亮，略为革质，边缘微呈波浪样，金黄色至黄绿色，果呈长圆形至球形，对生，成熟前为橘红色，成熟时为黑色。

分布习性　分布于亚洲南部及东南亚、澳大利亚北部；我国南方各地均有栽培。性喜高温高湿，耐旱，耐湿，抗污染能力强。需要栽植于阳光充足处，否则叶片会渐渐变为绿色。不耐寒，耐修剪。

繁殖栽培　可用扦插法、高压法、嫁接法繁殖。以高压法育苗最为迅速，花叶品种采用嫁接法，砧木用原种垂榕。

园林用途　在草坪、花坛孤植、列植，也可修剪成球形。植株生长快，枝条萌发多，在南方常密植作绿篱；幼株及栽培种株型较矮，可以盆栽观赏。

同种品种　‘斑叶’垂榕 *Ficus benjamina*‘Variegata’，枝干易生气根，小枝弯垂状。叶椭圆形，叶缘微波状，先端尖。其叶面、叶缘呈乳白色斑。

‘黄金’垂榕 *Ficus benjamina*‘Golden Leaves’，枝干易生气根，小枝弯垂，叶椭圆形，端尖，叶面平滑光亮，略为革质，边缘微呈波浪样，金黄色至黄绿色。

‘星光’垂榕 *Ficus benjamina*‘Starlight’，叶缘及靠边缘有较宽、不规则的斑纹，叶片中央主脉两侧一边深绿色，一边灰绿，呈山水倒影画状。

‘细叶’垂榕 *Ficus benjamina*‘Amabigus’，叶互生，单叶，呈椭圆形，长7cm，叶端突然收窄至一短尖端，基部渐尖削，边全缘。叶质光滑，质感厚而紧密，叶脉并不显著。

金钱榕 *Ficus microcarpa* var. *crassifolia*，株高50～80cm，多分枝。叶广倒卵形，广圆头，长1.5～5cm，革质；叶面浓绿色，叶背淡黄色；叶缘有暗色腺体。隐头花序球形至洋梨状，单生，成熟后黄色或略带红。

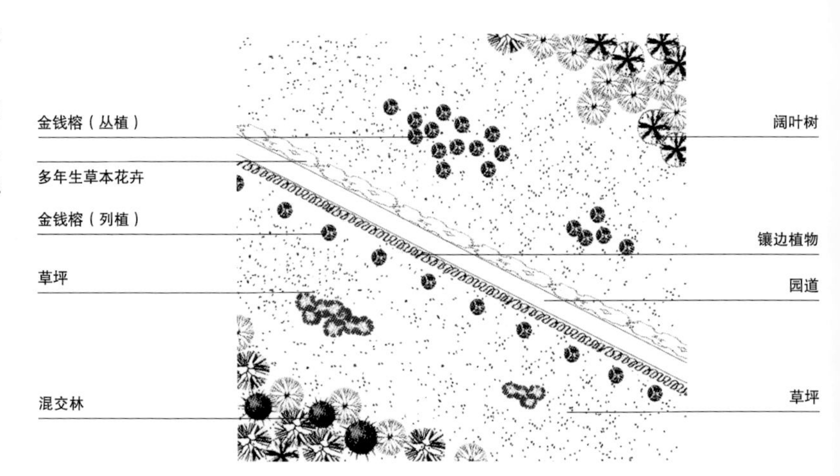

1		5
2	3	6
	4	7

1. ‘女王’垂榕列植作彩篱
2. ‘女王’垂榕修剪成伞形
3. ‘斑叶’垂榕应用于花台
4. ‘黄金’垂榕修剪造型
5. ‘斑叶’垂榕孤植绿地中
6. ‘斑叶’垂榕叶
7. ‘黄金’垂榕与绿叶植物搭配鲜艳悦目

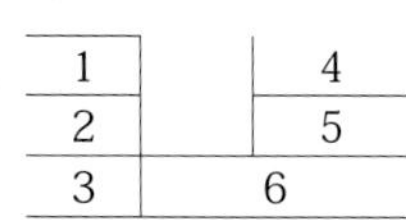

1. ‘星光’垂榕点缀绿地
2、3. ‘细叶’垂榕修剪造型
4. ‘星光’垂榕叶
5. 金钱榕球
6. 金钱榕在植物配置中作主景

排钱树

Phyllodium pulchellum

蝶形花科排钱树属

形态特征 灌木，高 0.5～2m。小枝被白色或灰色短柔毛。托叶三角形；小叶革质，顶生小叶卵形、椭圆形或倒卵形。伞形花序有花 5～6 朵，藏于叶状苞片内，叶状苞片排列成总状圆锥花序状；花冠白色。荚果长 6mm；种子宽椭圆形或近圆形。花期 7～9 月，果期 10～11 月。

分布习性 分布于我国福建、江西南部、广东、海南、广西、云南南部及台湾等地；印度、斯里兰卡、缅甸、泰国、越南、老挝、柬埔寨、马来西亚、澳大利亚北部也有分布。性喜高温多湿环境。

繁殖栽培 常用扦插繁殖。

园林用途 宜散植于林地、亭前、道旁及社区庭院。也可盆栽观赏。

1. 枝叶
2. 在绿地中丛植景观

平枝栒子

Cotoneaster horizontalis

蔷薇科栒子属

形态特征 落叶或半常绿匍匐灌木，高不超过 0.5m，枝水平开张成整齐两列状；小枝圆柱形。叶片近圆形或宽椭圆形，稀倒卵形，全缘。花 1 ～ 2 朵，近无梗，花瓣直立，粉红色。果实近球形。花期 5 ～ 6 月，果期 9 ～ 10 月。

分布习性 分布于我国湖北、陕西、四川、贵州等地，各地有栽培；尼泊尔也有分布。适应性强。

繁殖栽培 常用扦插繁殖。

园林用途 可丛植或散植于池畔、亭前、道旁及公共绿地上。枝叶繁茂，在树坛或疏林下常密植作绿篱。

同属植物 ‘长柄’矮生栒子 *Cotoneaster dammeri* ‘Radicans’，在南方常密植作绿篱。可制作盆景观赏。

柳叶栒子 *Cotoneaster salicifolius*, 叶面光亮，树形美观，可丛植或散植于池畔、亭前、道旁及公共绿地上。植株生长快，枝叶繁茂，在南方常密植作绿篱。

隐瓣栒子 *Cotoneaster procumbens*，我国云南有栽培。

小叶栒子 *Cotoneaster microphyllus*, 树形美观，春开白花，秋结红果，可丛植或散植于池畔、亭前、道旁及公共绿地上。

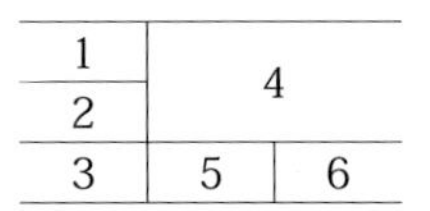

1. 平枝栒子
2. 平枝栒子列植成篱
3. 小叶栒子丛植绿地
4. ‘长柄’矮生栒子地被
5. 柳叶栒子点缀街角
6. 隐瓣栒子

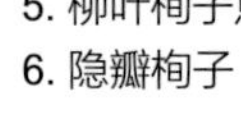

匍地龙柏

Sabina chinensis 'Kaizuca Procumbens'

柏科圆柏属

形态特征 常绿灌木(圆柏的变种)。枝条向上直展，常有扭转上升之势，小枝密，在枝端成几相等长之密簇；鳞叶排列紧密，幼嫩时淡黄绿色，后呈翠绿色。球果蓝色，微被白粉。

分布习性 分布于我国内蒙古、河北、山西、山东、江苏、浙江、福建、安徽、江西、河南、陕西、甘肃、四川、湖北、湖南、贵州、广东、广西及云南等地；朝鲜、日本也有分布。性喜阳，稍耐阴。喜温暖、湿润环境，抗寒。抗干旱，忌积水。

繁殖栽培 常用靠接、枝接、插条、压条繁殖。

园林用途 树形美观，可丛植或列植于道旁及公共绿地上。常密植作绿篱。

	2
	3
1	4

1. 列植作绿篱
2. 孤植于岩石园
3. 与山石配置
4. 修剪造型

千层金

Melaleuca leucadendra 'Revolution Gold'

桃金娘科白千层属

形态特征 又名黄金香柳。常绿乔木或灌木，华南园林中常作灌木栽培。主干直立，枝条细长柔软，嫩枝红色，且韧性很好，抗风力强。在广州秋、冬、春三季表现为金黄色，夏季由于温度较高为鹅黄色。

分布习性 分布于澳大利亚、新西兰、荷兰、马来西亚海岸；我国从海南到长江以南，甚至更北的地区均有栽培。适应土质范围广，从酸性到石灰岩土质甚至盐碱地都能适应。

繁殖栽培 常用扦插和高空压条繁殖。

园林用途 叶色金黄耀眼，树姿优美洒脱，宜散植于亭前、道旁及社区庭院。植株生长快，在南方常密植作绿色高篱，可遮掩生硬的石墙，具较好的景观效果。植于树下作地被，具较好的效果。也可盆栽观赏。

1	
2	
3	4

1. 呈乔木状植于绿带中
2. 黄金香柳
3. 修剪成球形
4. 金黄色的叶，片植景观效果好

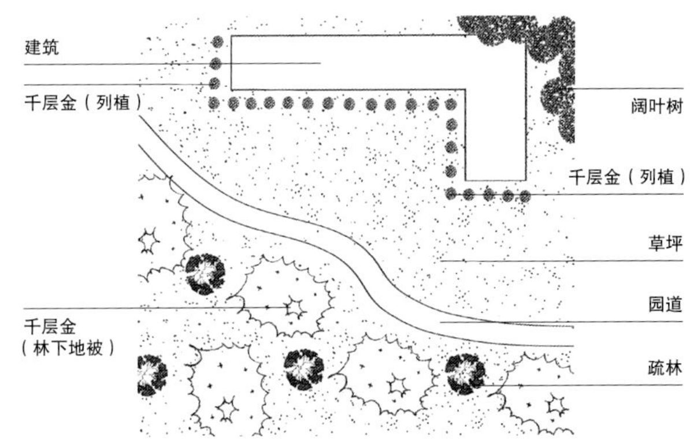

千 年 木

Dracaena marginata

龙舌兰科龙血树属

形态特征 常绿灌木状。茎干直立。叶片细长，新叶向上伸长，叶边缘或中间则具淡黄色与粉红色的细长条纹。

分布习性 分布于马达加斯加岛；我国广东、云南、台湾、福建、广西均有栽培。性喜高温多湿的气候条件。不耐寒，耐阴，喜散射光，在半阴的环境中生长良好。

繁殖栽培 常用扦插繁殖。

园林用途 株形美观，叶色秀丽，遍植于池畔、亭前、道旁，具较好的景观效果。也可盆栽摆设于客厅几案、茶几、窗台观赏，典雅别致。

1
2
3

1. 粉红色的叶丛醒目耀眼
2. 装点门面高雅别致
3. 与其它植物配植，色彩、株形反差强烈

千头柏

Platycladus orientalis 'Sieboldii'

柏科侧柏属

形态特征 常绿灌木，高可达 3～5m，植株丛生状，树冠卵圆形或圆球形。大枝斜出，小枝直展，扁平，排成一平面。叶鳞形，交互对生，紧贴于小枝，两面均为绿色。3～4 月开花，球花单生于小枝顶端。球果卵圆形，肉质，蓝绿色，被白粉，10～11 月果熟，熟时红褐色。

分布习性 分布于我国及日本。适应性强，喜光，对土壤要求不严，但需排水良好。

繁殖栽培 常用播种繁殖。

园林用途 树冠紧密，近球形，散植于池畔、亭前及社区庭院。也可盆栽摆设于客厅和入口处。

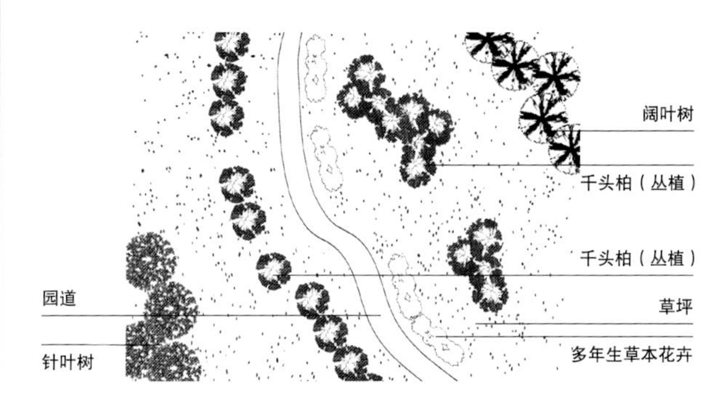

1	
2	
3	4

1. 列植路边
2. 散植草地上
3. 密植成篱墙
4. 球果

千头木麻黄

Casuarina nana

木麻黄科木麻黄属

形态特征 常绿灌木，树高 30 ～ 200cm, 萌芽力强，枝叶浓密 , 叶色翠绿；绿色小枝又细又长像针叶，树皮有细缝。果实是小球果。

分布习性 原产澳大利亚；我国广东、广西、福建、台湾等地均有栽培。性喜高温、湿润和阳光充足的环境 . 其耐盐性佳、抗强风、耐旱性佳，耐寒性与耐阴性均差。

繁殖栽培 常用扦插繁殖。

园林用途 树形美观，可修剪成球状体，丛植或散植于池畔、亭前、道旁及公共绿地上。植株生长快，枝叶繁茂，在南方常密植作绿篱，具较好的景观效果。

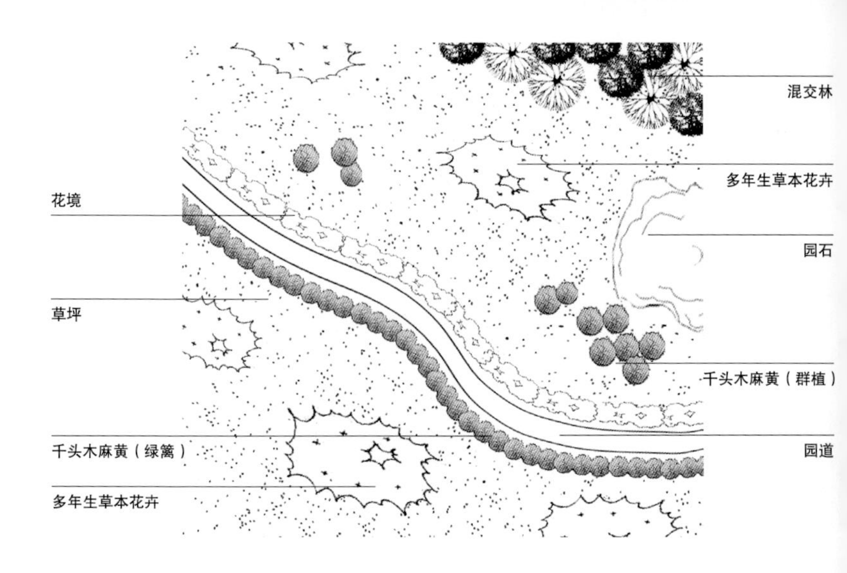

1	3	6
2	4	7
	5	

1. 质感细腻的枝叶，别具特色
2. 细长的小枝像针叶
3. 密植成绿篱
4. 在绿地中散植
5. 列植的景观
6. 一株毛茸茸的大树
7. 与其它植物配置，丰富多彩

‘洒金’东瀛珊瑚

Aucuba japonica ‘Variegata D'Om-Brain’

山茱萸科桃叶珊瑚属

形态特征 常绿灌木，高可达 3m。丛生，树冠球形。树皮初时绿色，平滑，后转为灰绿色。叶对生，肉革质，矩圆形，缘疏生粗齿牙，两面油绿而富光泽，叶面黄斑累累，酷似洒金。花单性，雌雄异株，为顶生圆锥花序，花紫褐色。核果长圆形。

分布习性 原产日本；我国长江中下游地区广泛栽培。适应性强，性喜温暖阴湿环境，不甚耐寒。

繁殖栽培 常用扦插繁殖。

园林用途 枝繁叶茂，凌冬不凋，可丛植或散植于池畔、亭前、道旁及公共绿地上。在南方常密植作绿篱，具较好的景观效果。也可盆栽观赏。

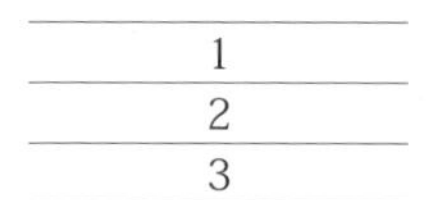

1. 叶片
2. 植作花台下木
3. 点缀角隅

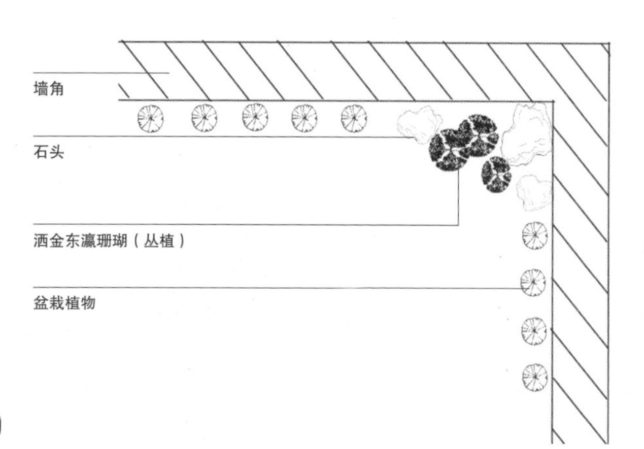

珊瑚树

Viburnum odoratissimum

忍冬科荚蒾属

形态特征 常绿灌木，高达 10 (～ 15) m；枝灰色或灰褐色，有凸起的小瘤状皮孔。叶革质，椭圆形至矩圆形或矩圆状倒卵形至倒卵形，有时近圆形；圆锥花序顶生或生于侧生短枝上；花冠白色，后变黄白色。果实先红色后变黑色，卵圆形或卵状椭圆形。花期 4 ～ 5 月（有时不定期开花），果熟期 7 ～ 9 月。

分布习性 主要分布于我国福建、湖南、广东、海南及广西；印度、缅甸、泰国及越南也有分布。性喜温暖，稍耐寒，喜光稍耐阴。在潮湿、肥沃的中性土壤中生长迅速旺盛，也能适应酸性或微碱性土壤。

繁殖栽培 常用扦插、播种繁殖。

园林用途 宜散植于池畔、亭前、草坪及社区庭院。植株生长快，常密植作高篱，具较好的景观效果。

1	
2	
3	4

1. 叶丛
2. 花序
3. 密植做绿篱
4. 果枝

山乌桕

Sapium discolor

大戟科乌桕属

形态特征 灌木或小乔木，高 3 ～ 12m，各部均无毛；小枝灰褐色，有皮孔。叶互生，纸质，嫩时呈淡红色，叶片椭圆形或长卵形，顶端钝或短渐尖，基部短狭或楔形，背面近缘常有数个圆形的腺体。花单性，雌雄同株。蒴果黑色，球形；种子近球形，外薄被蜡质的假种皮。花期 4 ～ 6 月。

分布习性 广布于云南、四川、贵州、湖南、广西、广东、江西、安徽、福建、浙江、台湾等地；印度、缅甸、老挝、越南、马来西亚及印度尼西亚也有分布。以气候温暖、土壤湿润而肥沃、阳光充足的低山次生疏林或山谷地区生长最好。

繁殖栽培 以 2 ～ 3 月播种为宜。

园林用途 树型圆整，甚是美观。适合植于水边、池畔、坡谷、草坪。若与亭廊、花墙、山石等相配，也甚协调。

1
2
3

1. 在绿地中丛植
2. 形成美丽的框景
3. 密植在绿地中，与绿色叶植物搭配，丰富了景观色彩

神秘果

Synsepalum dulcificum

山榄科神秘果属

形态特征　常绿灌木。株高 1.5 ～ 4.5m，枝条较多。叶子稠密，侧枝萌发力强，茎枝褐色，叶子较小、互生，分枝矮、丛生。花小、白色，花期 2 ～ 5 月，果实成熟期不一致，盛果期为 3、6、10 月。

分布习性　原产于西非、加纳等一带；我国有栽培。性喜高温多湿，生长适温为 20 ～ 30℃、pH 值 4.5 ～ 5.8 之酸性砂质土壤。

繁殖栽培　以播种、扦插、空中压条等方法繁殖，以播种为主，可采用点播、撒播或条播，种子随采随播。

园林用途　树形美观，枝叶繁茂，可片植、散植于公园、风景区绿地，具较好的园林景观效果。

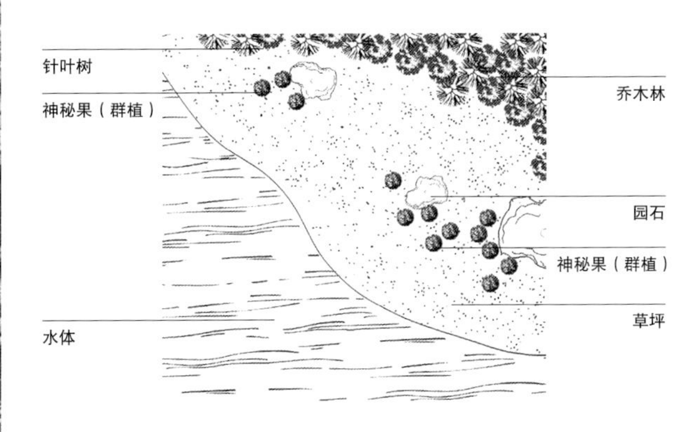

1
2
3

1. 与岩石相配植
2. 盆栽
3. 散植绿地

十大功劳

Mahonia fortunei

小檗科十大功劳属

形态特征　常绿灌木，高可达 2m；茎具抱茎叶鞘。奇数羽状复叶，小叶 5～9 枚，狭披针形，叶硬革质，表面亮绿色，背面淡绿色，两面平滑无毛，叶缘有针刺状锯齿 6～13 对，入秋叶片转红。顶生直立总状花序，两性花，花黄色，有香气。浆果卵形，蓝黑色，微被白粉，花期 8～10 月，果熟 12 月。

分布习性　分布于我国华南、华中、西南地区。性喜温暖湿润气候；耐阴，也较耐寒。

繁殖栽培　常用播种、扦插、分株繁殖。

园林用途　叶面光亮，株形美观，可列植、丛植或散植于池畔、亭前、道旁及公共绿地上。植株生长快，枝叶繁茂，在南方常密植作绿篱，具较好的景观效果。也可盆栽观赏。

同属植物　长小叶十大功劳 *Mahonia lomariifolia*, 可丛植或散植于池畔、亭前及林缘。在南方可密植作绿篱。

长柱十大功劳 *Mahonia duclouxiana*, 可丛植或散植于池畔、亭前及林缘。在南方常密植作绿篱。

阔叶十大功劳 *Mahonia bealei*, 四季常绿，树形雅致，枝叶奇特，花色秀丽，可丛植或散植于池畔、亭前、道旁及公共绿地上。常密植作绿篱，具较好的景观效果。也可盆栽观赏。

1
2
3

1. 十大功劳绿带
2. 长柱十大功劳
3. 阔叶十大功劳

首冠藤

Bauhinia corymbosa

苏木科羊蹄甲属

形态特征 藤本灌木，嫩枝、花序和卷须的一面被红棕色小粗毛；枝纤细，无毛。叶纸质，近圆形，自先端深裂达叶长的3/4,裂片先端圆，基部近截平或浅心形。伞房花序式的总状花序顶生于侧枝上，多花，芳香。荚果带状长圆形，扁平，直或弯曲。花期4～6月；果期9～12月。

分布习性 分布于我国广东、海南等地；世界热带地区也有分布。一般生长在山谷密林中或山坡阳处，喜光，喜温暖至高温湿润气候，适应性强。

栽培繁殖 采用扦插、压条法繁殖为主。

园林用途 常作林下地被栽植，具较好的效果。

1. 叶丛
2. 片植绿地作地被

四季桂

Osmanthus fragrans var. *semperflorens*

木犀科木犀属

形态特征 常绿灌木。叶子对生，多呈椭圆或长椭圆形，叶面光滑，革质，叶边缘有锯齿。花簇生于叶腋，有乳白、黄、橙红等色，极芳香。核果成熟后为紫黑色。一年开花数次，但仍以秋季为主。

分布习性 原产地中海一带；我国广东、浙江、江苏、福建、台湾、四川及云南等地有引种栽培。适宜在温暖湿润、阳光充足的地方生长，较耐旱、耐寒。

繁殖栽培 常用高空压条繁殖。

园林用途 四季开花，四季飘香，可丛植或散植于池畔、亭前、道旁及公共绿地；且与山、石、亭、台、楼、阁相配，更显端庄高雅、悦目怡情。

在南方常密植作绿篱。也可盆栽观赏。

	2
	3
1	4

1. 叶丛
2. 片植林缘
3. 列植花池中
4. 作绿篱

桐花树

Aegiceras corniculatum

紫金牛科桐花树属

形态特征 常绿灌木。叶革质，倒卵形，钝头。花两性，5数，具柄，排成腋生或顶生的伞形花序；萼片覆瓦状排列；花冠管短，裂片5；雄蕊5；子房上位，长椭圆形，有胚珠多颗。蒴果圆柱形，锐尖，弯如牛角，革质。花期1～4月；果期5～9月。

分布习性 分布于我国广东、广西、福建等沿海地区。适应性强，有较强的耐寒性，萌芽力强。

繁殖栽培 常用扦插繁殖。

园林用途 为组成红树林的重要树种之一，叶面光亮，树形美观，可片植或散植于海滩湿地。

1
2
3

1. 果序
2. 列植水边成绿墙
3. 河边丛植

万 寿 竹

Disporum cantoniense

百合科万寿竹属

形态特征　亚灌木，茎高 50 ～ 150cm，上部有较多的叉状分枝。叶纸质，披针形至狭椭圆状披针形。伞形花序有花 3 ～ 10 朵，着生在与上部叶对生的短枝顶端；花紫色。浆果；种子暗棕色。花期 5 ～ 7 月，果期 8 ～ 10 月。

分布习性　分布于亚洲东南部和北美洲；我国也有分布和栽培。性喜阴湿高温，耐阴、耐涝，耐肥力强，抗寒力强；喜半阴的环境。

繁殖栽培　常用扦插繁殖。

园林用途　叶翠光亮，姿形洒脱，可丛植或散植于池畔、亭前及公共绿地上。

也可盆栽观赏或切花。

1. 秀丽的叶片
2. 丛植绿地中

'小叶'黄杨

Buxus sinica 'Parvifolia

黄杨科黄杨属

形态特征 常绿灌木，高 2m。茎枝四棱，光滑，密集。叶小，对生，革质，椭圆形或倒卵形，先端圆钝，有时微凹，基部楔形，最宽处在中部或中部以上；有短柄，表面暗绿色，背面黄绿。花多在枝顶簇生，花淡黄绿色，没有花瓣，有香气。花期 3～4 月，果期 8～9 月。

分布习性 分布于我国安徽、浙江、江西、湖北等地。性喜肥沃湿润土壤，忌酸性土壤，耐寒，耐盐碱。

繁殖栽培 常用扦插繁殖。

园林用途 树形美观，枝条密生，可修剪成球状体，丛植或散植于池畔、亭前、道旁及公共绿地上。常密植作绿篱，具较好的景观效果。也可盆栽观赏。

同属植物 雀舌黄杨 *Buxus bodinieri*，叶薄革质，通常匙形，亦有狭卵形或倒卵形。枝叶繁茂，叶形别致，可盆栽或制作盆景观赏。

1. 与岩石配置
2. 植作绿篱
3. 雀舌黄杨盆景

小叶女贞

Ligustrum quihoui

木犀科女贞属

形态特征　落叶灌木，高 1 ～ 3m。小枝淡棕色，圆柱形，密被微柔毛，后脱落。叶片薄革质，形状和大小变异较大，叶缘反卷，上面深绿色，下面淡绿色。圆锥花序顶生，近圆柱形。果倒卵形、宽椭圆形或近球形。

分布习性　分布于我国陕西南部、山东、江苏、安徽、浙江、江西、河南、湖北、四川、贵州西北部、云南、西藏等地；东南亚等地区也有栽培。喜光照，稍耐阴，较耐寒；性强健，耐修剪，萌发力强。

繁殖栽培　常用扦插、播种、分株繁殖。

园林用途　可散植于池畔、亭前、道旁；其枝叶紧密、圆整，庭院中主要作绿篱栽植，景观效果较好。也可盆栽制成大、中、小型盆景。

同属植物　金叶女贞 *Ligustrum* × *vicaryi*，叶色金黄，尤其在春秋两季色泽更加璀璨亮丽，适合与其它色彩的灌木配置造景。

1
2
3

1. 叶丛
2. 修剪造型
3. 金叶女贞在绿地中作色块

须弥红豆杉

Taxus wallichiana

红豆杉科红豆杉属

形态特征 大灌木；1年生枝绿色，干后呈淡褐黄色、金黄色或淡褐色，2、3年生枝淡褐色或红褐色。叶条形，较密地排列成彼此重叠的不规则两列，质地较厚，通常直。种子生于红色肉质杯状的假种皮中，柱状矩圆形，种脐椭圆形。

分布习性 分布于我国云南、四川、西藏等地；尼泊尔、不丹、缅甸、阿富汗及喜马拉雅山区东段也有分布。适应性强。

繁殖栽培 常用扦插繁殖。

园林用途 叶面光亮，树形美观，可丛植或散植于池畔、亭前、道旁及公共绿地上。枝叶繁茂，常密植作绿篱，具较好的景观效果。

1. 叶丛
2. 密植做绿篱

鹰爪花

Artabotrys hexapetalus

番荔枝科鹰爪花属

形态特征 常绿攀援灌木，高达4m，无毛或近无毛。叶纸质，长圆形或阔披针形。花1～2朵，淡绿色或淡黄色，芳香；萼片绿色，卵形；花瓣长圆状披针形。果卵圆状。花期5～8月，果期5～12月。

分布习性 分布于我国浙江、台湾、福建、江西、广东、广西和云南等地；印度、斯里兰卡、泰国、越南、柬埔寨、马来西亚、印度尼西亚和菲律宾也有栽培。性喜温暖湿润气候，耐阴，耐修剪，但不耐寒。

繁殖栽培 常用播种、扦插、压条繁殖。

园林用途 可丛植或散植于池畔、亭前、道旁及公共绿地上。植株生长快，枝叶繁茂，在南方常植作花架，具较好的景观效果。也可盆栽观赏。

1	
2	
3	4

1. 散植在绿地中
2. 叶序
3. 花
4. 果

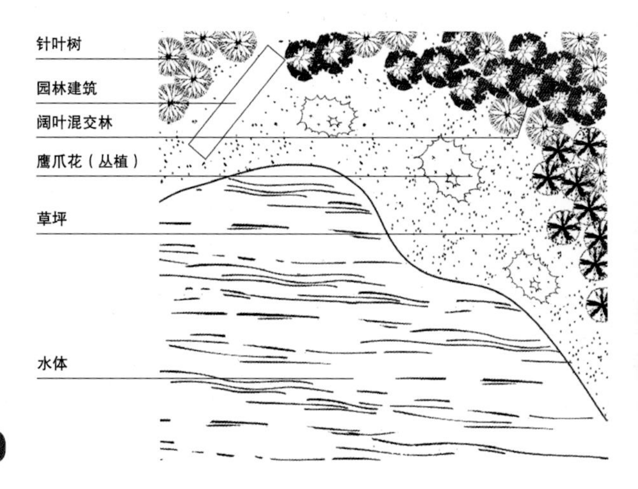

雨虹花

Strobilanthes flaccidifolius

爵床科马蓝属

形态特征 多年生亚灌木，茎基部稍木质化，多分枝，高达 1m，茎节明显。叶对生，叶片倒卵状长圆形至卵状长圆形，先端渐尖，边缘有浅锯齿。穗状花序，花少数，着生枝顶；花冠筒状漏斗形，淡紫色。花期 9 ～ 11 月。

分布习性 分布于亚洲热带地区；我国南方各地有栽培。性喜高温多湿环境。

繁殖栽培 常用扦插繁殖。

园林用途 花叶美丽，也可孤植于公共绿地及花坛中心；列植于道路中间隔离带；散植、对植于前庭、路口，或丛植于草坪边缘。密植作绿篱。

1	
2	3

1. 列植于道路中间隔离带
2. 丛植于绿地边
3. 花序

玉叶金花

Mussaenda pubescens f.

茜草科玉叶金花属

形态特征　攀援灌木。叶对生或轮生，卵状。萼片叶状雪白色，聚伞花序顶生，花冠黄色，花柱短而内藏。浆果近球形。花期6～7月。

分布习性　分布于我国长江以南各地。适应性强，耐阴，在较贫瘠及阳光充足或半阴湿环境都能生长。

繁殖栽培　常用扦插、播种繁殖。

园林用途　叶面光亮，树形美观，可修剪成球状体，丛植或散植于池畔、亭前、道旁及公共绿地上。可植于建筑旁作垂直绿化。也可盆栽或制作植物盆景观赏。

1. 玉叶金花
2. 丛植绿地中

中华蚊母

Distylium chinense

金缕梅科蚊母树属

形态特征　常绿灌木，高约1m；嫩枝粗壮。叶革质，矩圆形；边缘在靠近先端处有2～3个小锯齿。雄花穗状花序。蒴果卵圆形。

分布习性　分布于我国湖北、四川、重庆等地；印度、马来西亚及东亚地区也有分布。性喜温暖、湿润和阳光充足的环境，耐半阴，稍耐寒。

繁殖栽培　常用播种、扦插繁殖。

园林用途　叶面光亮，树形美观，可修剪成球形孤植、丛植或群植于池畔、亭前、道旁及公共绿地；植株生长快，枝叶繁茂，在南方常密植作绿篱，具较好的景观效果。也可盆栽或作盆景观赏。

1
2
3

1. 密植做绿篱
2. 盆景
3. 孤植在岩石旁

朱 蕉

Cordyline fruticosa

龙舌兰科朱蕉属

形态特征 常绿灌木，地下部分具发达匍匐根茎。其主茎挺拔，茎高 1 ～ 3m，不分枝或少分枝。叶聚生于茎顶，二裂，披针状椭圆形至长圆形，长 20 ～ 60cm，宽 5 ～ 10cm，顶端渐尖，基部渐狭，绿色或紫红色，绚丽多变，基部阔而抱茎。圆锥花序腋生，分枝多数；花淡红色至青紫色，间有淡黄。浆果圆球形。

分布习性 分布于我国广东、广西、福建、台湾等地。性喜高温多湿气候，不耐寒，不耐旱。

栽培繁殖 常用扦插、压条和播种繁殖。

园林用途 叶片鲜艳夺目，散植于池畔、亭前、道旁，具较好的景观效果。在南方常密植作绿篱，也可作地被。株形美观，色彩华丽高雅，盆栽适用于室内装饰，点缀客室和窗台，优雅别致。成片摆放会场、公共场所、厅室出入处，端庄整齐，清新悦目。数盆摆设橱窗、茶室，更显典雅豪华。

同属种及品种 ‘亮叶’朱蕉 *Cordylie terminalis* ‘Aichiaka’，叶片鲜艳夺目，散植于池畔、亭前、道旁，具较好的景观效果；半阴生植物，可植于疏林下作地被。

‘斜纹’朱蕉 *Cordyline fruticosa* ‘Baptistii’，叶宽阔，深绿色，有淡红色或黄色条斑。

‘锦’朱蕉 *Cordyline fruticosa* ‘Amabilis’，叶亮绿色，具粉红色条斑和叶缘米色。

‘夏威夷’小朱蕉 *Cordyline fruticosa* ‘BabyTi’，叶披针形，深铜绿色，叶缘红色。

‘卡莱普索皇后’ *Cordyline fruticosa* ‘Calypso Queen’，叶小，深褐红色，中心淡紫色。

‘梦幻’朱蕉 *Cordyline fruticosa* ‘Dreamy’，叶呈披针状椭圆形，叶色多彩，明艳瑰丽。

‘五彩’朱蕉 *Cordyline fruticosa* ‘Goshikiba’，叶椭圆形，绿色，具不规则红色斑，叶缘红色。

朱蕉‘娃娃’ *Cordyline fruticosa* ‘Dolly’，叶宽卵形，暗绿色或暗红色，鲜艳夺目。

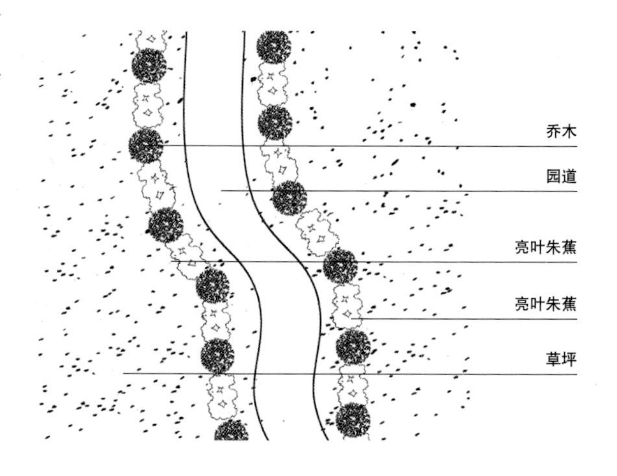

1	3	4
2	5	6
		7

1. ‘亮叶’朱蕉列植路边
2. 朱蕉列植
3. ‘亮叶’朱蕉片植林下做地被
4. ‘亮叶’朱蕉列植成彩篱
5. ‘梦幻’朱蕉叶丛
6. ‘梦幻’朱蕉列植
7. 朱蕉‘娃娃’

竹 蕉

Dracaena deremensis

龙舌兰科龙血树属

形态特征 又名巴西木。常绿灌木状。茎干直立，具分枝，蛇状扭曲生长。叶片细长，新叶向上伸长，老叶下垂，叶色为深橄榄绿，叶缘具紫红色或鲜红色细条纹镶边。

分布习性 分布于马达加斯加岛；我国广东、云南、台湾、福建、广西均有栽培。性喜高温多湿的气候条件。生长适温 20～28℃，不耐寒，冬季不低于 10℃，耐阴，喜散射光，在半阴的环境中生长良好。

繁殖栽培 常用扦插繁殖。

园林用途 株形美观，叶色秀丽，遍植于池畔、亭前、道旁，具较好的景观效果。利用生长缓慢的彩叶竹蕉作地被，具较好的效果。也可盆栽摆设于客厅几案、窗台观赏，典雅别致。

同种品种 ‘银线’竹蕉 *Dracaena deremensis* ‘Warneckii’，叶间具宽窄不一的银白色纵纹。

1	
2	
3	4

1. 丛植绿地美化墙体
2. ‘银线’朱蕉片植林下
3. 叶丛
4. 在绿地中配植景观

紫锦木

Euphorbia cotinifolia

大戟科大戟属

形态特征 常绿小乔木，在华南园林中常作灌木栽培。叶圆卵形，先端钝圆，边缘全缘，两面红色。花序生于二歧分枝的顶端；总苞阔钟状。蒴果三棱状卵形，光滑无毛。种子近球状。

分布习性 原产热带美洲；我国福建、台湾、广东、云南等地均有栽培。喜阳光充足、温暖、湿润的环境。

繁殖栽培 可以播种、扦插、压条或分株繁殖。

园林用途 叶色绛红，姿形优美，丛植、散植于公园、风景区、社区庭院等处，园林景观效果极佳。也可盆栽摆设于客厅和入口处。

1. 枝叶、花序
2. 丛植于绿地丰富了色彩

参考文献 References

〔1〕陈封怀 . 广东植物志［M］. 广州：广东科学技术出版社，1987 ～ 1995.
〔2〕侯宽昭 . 广州植物志［M］. 北京：科学出版社，1956.
〔3〕李钱鱼，何金明 . 灌木［M］. 北京：化学工业出版社，2014.
〔4〕徐晔春 . 观叶观果植物 1000 种经典图鉴［M］. 长春：吉林科学技术出版社，2011.
〔5〕中国科学院植物研究所 . 中国高等植物图鉴［M］. 北京：科学出版社，1972 ～ 1976.
〔6〕中国科学院中国植物志编委会 . 中国植物志［M］. 北京：科学出版社，1979 ～ 2004.
〔7〕中国在线植物志 [M /O L].http://frps.eflora.cn/

中文名称索引

拉丁学名索引